"十四五"普通高等教育部委级规划教材

重庆市高等教育教学改革新文科重大项目

"艺术类高校'艺术+科技'人才培养模式
研究与实践"（项目编号：231029）

设计的跨学科研究方法

SHEJI DE KUAXUEKE
YANJIU FANGFA

李敏敏　马丽媛　赵诗嘉　著

中国纺织出版社有限公司

内 容 提 要

设计不仅是艺术和技术的融合，更是文化、社会、经济等多个学科交汇融合的结果。本书尝试探索人类学、社会学、经济学等学科如何与设计的研究交织在一起，从而共同构建一个更加全面和深入的设计理解构架。本书的核心在于展示设计作为一个多维度领域，是如何受到各学科理论和方法论的深刻影响。每一章围绕一个特定的学科展开，详细分析该学科的核心概念、理论框架，以及这些理论成果如何与设计的研究相结合。

本书适合艺术设计类相关专业的学生使用，也可为相关专业的教师、研究人员提供参考。

图书在版编目（CIP）数据

设计的跨学科研究方法 / 李敏敏，马丽媛，赵诗嘉著 . -- 北京 ： 中国纺织出版社有限公司，2024.1

"十四五"普通高等教育部委级规划教材

ISBN 978-7-5229-0982-0

Ⅰ . ①设… Ⅱ . ①李… ②马… ③赵… Ⅲ . ①设计学－高等学校－教材 Ⅳ . ① TB21

中国国家版本馆 CIP 数据核字（2023）第 170729 号

责任编辑：华长印 朱昭霖 责任校对：王蕙莹 责任印制：王艳丽

中国纺织出版社有限公司出版发行
地址：北京市朝阳区百子湾东里 A407 号楼 邮政编码：100124
销售电话：010—67004422 传真：010—87155801
http://www.c-textilep.com
中国纺织出版社天猫旗舰店
官方微博 http://weibo.com/2119887771
北京华联印刷有限公司印刷 各地新华书店经销
2024 年 1 月第 1 版第 1 次印刷
开本：710×1000 1/16 印张：8.5
字数：116 千字 定价：59.80 元

前言

在这个日益复杂多变的世界中，设计不仅是艺术和技术的融合，更是文化、社会、经济等多个学科交汇融合的结果，它早已经超越传统的学科界限，成为一种跨学科的综合性学问，这自然会要求对设计的研究也汇集多种学科的智慧。本书正是在这样的背景下诞生。

设计作为一门复杂且多维的领域，它的研究触及了技术、文化、社会和经济等多个层面。对设计跨学科研究方法的探索从某种程度上来看，仿佛在面对满天繁星时，往往只能通过命名少量的星座来开始对它们的认识。本书试图为这一领域的初探者提供一个起点，尝试探索人类学、社会学、经济学等学科如何与设计的研究交织在一起，从而共同构建一个更加全面和深入的设计理解框架。本书的核心在于展示设计作为一个多维度领域，是如何受到各学科理论和方法论的深刻影响。每一章都围绕一个特定的学科展开，详细分析该学科的核心概念、理论框架，以及这些理论成果如何与设计的研究相结合。例如，人类学在理解用户需求、文化背景方面为设计提供了丰富的视角；社会学则帮助设计师理解社会结构和行为模式，从而创造出更贴近用户的设计；经济学则提供了对市场趋势和消费者偏好的深入洞察，指导着设计的市场定位和战略规划。

由于设计研究的深度和广度，本书只是一个非常初步的尝试。本书对所讨论的设计与人类学、设计与社会、设计与经济和物质文化研究都只能勾勒出一幅设计学与其他学科交融的初步轮廓。由于知识水平和经验有限，书中的一些观点可能并不完全准确或深入，由于时间和资源的限制，写作过程中无法对所有相关话题进行深入的研究和探讨。因此，书中的一些内容可能只是对某个话题的简单介绍，没有提供足够的细节和深度。我们希望在未来的工作中，能够有更多的机会去深入研究这些话题，为读者提供更加丰富和完善的内容。希望读者在阅读时能够保持开放的心态，对于可能存在的错误或不完善的地方，提出宝贵的意见和建议。

李敏敏

2023 年 10 月

目录

第一章
人类学与
设计研究

第二章
社会学与
设计研究

第三章
物质
文化研究

第四章
经济与
设计研究

参考文献

人类学与设计研究

第一章

1

第一节
人类学的定义、基本立场和研究方法

　　人类学的英文"Anthropology"从希腊文"ανθρωπο"❶（人的，属于人的，合乎人本性的）和"λογοs"❷（逻各斯，言语，道理）发源而来，意为"关于人的学问"，尤其是人类的起源、发展、习俗、信仰。❸这个概念最早可追溯到亚里士多德对人的本质的描述，即在各种动物中，唯独人类具备传达道理的言语机能。❹而在德国哲学家亨德于1501年所著的《人类学——关于人的优点、本质和特性、以及人的成分、部位和要素》（*Antropologium de hominis dignitate, natura et proprietatibus, de elementis, partibus et membris humani corporis*）中，人类学首次以学科形式出现，用于表述人体解剖结构。直至19世纪，人类学指代的都是如今以生理学和解剖学为核心的体质人类学，从19世纪后期开始，原有的研究边界向语言、文化、考古等领域延伸，人们开始关注遗骨、化石、人工制品及其背后代表的群体、种族、文化，试图对特定群体和文化做出普遍性的概括和理解，人类学逐渐发展为一门从生物、文化等多个角度考察人类本质的综合性学科，并衍生出众多流派。由于各国学术与理解的差异，对人类学理论分支的划分并不完全统一，大体上以文化人类学、考古学、语言人类学、体质人类学四大分支为主。

　　早在古希腊时期，人类就已经开始研究自身的文化及习惯，但并未形成完整规范的理论体系。15至17世纪的地理大发现及殖民运动进一步推动了"人的大发现"。但早期研究对象主要是被界定于西方文明社会之外的异族群体。直至20世纪中期，这种西方中

❶ 水建馥, 罗念生. 古希腊语汉语词典 [M]. 北京:商务印书馆,2004:73.

❷ 水建馥, 罗念生. 古希腊语汉语词典 [M]. 北京:商务印书馆,2004:512.

❸ 阿·悉·霍恩比. 牛津高阶英汉双解词典 [M].7 版. 王玉章,赵翠莲,邹晓玲,译. 北京:商务印书馆,2009:73.

❹ 亚里士多德. 政治学 [M]. 吴寿彭,译. 北京:商务印书馆,1965:8.

心主义的局限开始被打破，被殖民的第三世界传统部落陆续走向现代化，人类学的研究对象出现了不同转向，部分学者开始从自身民族出发研究本国的文化，部分学者仍然研究部落族群，但开始将研究重心转向部落与现代化的关系和适应过程，还有部分学者将注意力转向都市中的少数民族、女性等亚文化群体。人类学跳出对原始、落后的异文化的研究传统，发展为包含自身在内的世界任意民族、群体的广泛研究。

以多元文化视角为基本立场，人类学呈现出一套从本质上区别于其他学科的独特研究方法，主要包括整体论、文化相对论、跨文化比较、田野调查、民族志。整体论自古典进化论学派开始延续，从英国人类学家爱德华·泰勒（Edward Teller）在《原始文化》中对"文化"的定义，可以看到一些整体论的特征："文化或文明，就其广泛民族学意义来讲，是一复合体，包括知识、信仰、道德、法律、习俗以及作为一个社会成员的人所习得的一切能力与习惯。"❶整体论强调在研究一个民族的文化时，要把人或文化作为一个整体置于社会背景下，从物质、精神、制度等多个方面考察各个要素之间的互动和意义，既注重共时性也注重历时性，这个传统方法直到后现代将宏大叙事解构之前一直沿用。

文化相对论的理念起源于20世纪初，由历史特殊学派的创始人弗朗兹·博厄斯（Franz Boas）提出。博厄斯以一种相对性的标准衡量不同文化，认为每一种文化的功能和价值都是相对的，反对区分文化之间的高低优劣及种族优越论。在博厄斯之后，赫斯科维兹（M.J. Herskovits）等人类学家也将这种观点推进。第二次世界大战后，文化相对论对人类学研究的贡献在于提供了民族多元和平共存的理论支持。多元文化之间存在的共性和差异是比较需求的来源，跨文化研究便是针对多种不同社会的文化进行比较，以获取更全面的了解，分析共性和差异。进化学派、传播学派和功能学派都在研究中不同程度地运用了跨文化比较的方法，其特殊之处主要有两方面。一方面，跨文化比较是在两种及

---

❶ 爱德华·泰勒. 原始文化 [M]. 连树声，译. 上海：上海文艺出版社，1992:1.

以上的文化之间做比较，跨越了国家、民族和语言的界限，另一方面，它强调在过程里要把握研究主体的立场，即采取文化相对主义与主位研究❶的立场。❷

田野调查法是经过专门训练的人类学者亲自进入某一社区，通过直接观察、访谈、住居体验等参与方式获取第一手研究资料的过程，❸是人类学最具代表性的研究方法之一，要求人类学家进行深度访谈和参与式观察，在此基础上书写民族志，完成田野调查的文本转化。早期民族志被称为现实主义民族志，以马林诺夫斯基（Malinowski）为代表，强调纪实。20世纪70年代，现实主义民族志遭遇批判，转向以克利福德·格尔茨（Clifford Geertz）为代表的现代主义，从科学、实证走向符号与意义的阐释。到20世纪80年代，后现代主义民族志兴起，人类学家的研究对象也参与到民族志的书写工作中，通过产生对话完成知识的建构，淡化了一部分表述的权威。

纵观上述研究方法，文化相对论和跨文化比较的发展纠正了传统人类学研究的地区、种族偏见，对西方中心主义价值取向进行反思，而从田野调查到民族志的田野工作方法改变了以往研究浮于半空的资料收集和主观臆想传统，人类学家得以更加客观、全面地了解特定群体的行为和思维模式。正是这种极具辩证和批判性的方法，使人类学得以不断向外延伸，与设计等其他学科领域产生交叉联系并发挥积极的作用。

---

❶ 肯尼思·派克(Kenneth Pike)于1954年从"音位的"(phonemic)和"语音的"(phonetic)两个语言学术语类推出主位(emic)和客位(etic)，是人类学研究中对于文化表现的不同理解角度。主位研究指研究者不凭自己的主观认识，尽可能地从当地人的视角去理解文化，客位研究则是以外来观察者的角度来理解文化。

❷ 索龙高娃. 文学人类学方法论辨析 [D]. 北京：中央民族大学，2005：46.

❸ 庄孔韶. 人类学通论 [M]. 太原：山西教育出版社，2002：247.

第二节
设计人类学的定义、起源及发展

一、设计人类学的定义

设计人类学是近十年活跃起来的一门新兴学科，其所处的人类学与设计学领域的交叉点决定了其定义的交叉性。2016年，美国应用人类学家克里斯提娜·沃森（Christina Wasoon）在《通用人类学杂志》中提出了"设计人类学"的定义："它指人类学家和设计师、其他领域从业者合作，开发新产品和构思新概念的实践。人类学家的贡献在于以用户为对象的民族志研究，掌握他们的日常行为，阐释新产品的象征意义和社会属性；设计师和其他成员根据这些研究，发展出适合潜在用户日常经验的设计概念。"❶

事实上，设计人类学发展至今，早已超越了单纯的人类学和设计学的学科范围，延伸到社会机构、商界、学术界，集合了各种哲学、技术知识，成为一门综合性极强的融合学科。温迪·冈恩（Wendy Gunn）在《设计学与人类学》（*Design and Anthropology*）中也给出了对设计人类学概念的解释，她认为设计人类学是一个关注设计技术的新兴领域，通过关注动态性能及动作与感知的耦合，构建并增强人的具体技能，跨越了从工业设计、人类运动研究和生态心理学，到社会文化人类学的广泛领域。❷跨学科的性质让设计人类学处在不断变化的状态中，其定义也随着变化的过程与时俱进，呈现日益丰富的阐释。

❶ Christina Wasson. Design Anthropology[J]. General Anthropology, 2016(2):1-11.

❷ 温迪·冈恩,杰瑞德·多诺万.设计学与人类学[M].陈兴,史芮齐,译.北京:中国轻工业出版社,2021:13.

二、设计人类学的起源及发展

设计人类学作为一门学科的发展历史并不久远，但可以被理解为是设计人类学实践过程的研究很早就已经出现。在20世纪前，人类学家对原始部落文明进行人造物品的考察，针对研究对象所涵盖的艺术与设计问题展开田野调查与研究，已经可以看作早期的设计人类学。原始部落的物品借助民族志进入他们的视野，对物品的材质、工艺、形制的研究反映的是设计最本体的问题。人类学家通过这些物品的特征考察使用方式、用途及其在部落群体中的身份表征，进而达成对特定文明的关照。人类学家在田野考察后留下的民族志成果，也为诸多早期工艺美术的研究提供了基础，如伯特霍尔德·劳费尔（Berthold Laufer），作为美国菲尔德自然史博物馆（Field Museum of Natural History）人类学部的主任，是一位著名汉学家，曾师从博厄斯并延续其文化相对主义的立场。他将搜集的文物收藏于博物馆内，按照文化形态而非纯艺术角度划分，注重体现人类学视角下文化的多样性。他曾编纂"人类学的设计"系列丛书，便是在人类学范畴内对人造物的民族志书写的成果。

20世纪初，人类学对设计的考察语境不再局限于田野工作，人类学家开始参与到企业研究合作中，从事社会与物质生产及管理问题的研究，尤其在商业管理和工业生产方面，以20世纪30年代著名的"霍桑实验"（Hawthorne Studies）为代表，人类学家的研究成为推动设计人类学诞生的动力。

"霍桑实验"始于1924年，持续8年，由人类学家劳埃德·沃纳（Lloyd Warner）、心理学家埃尔顿·梅奥（Elton Mayo）与芝加哥西部电力公司、哈佛大学共同完成，是工业界一项至关重要的社会科学研究项目。西部电力公司是当时美国企业的一个缩影，20世纪20年代，美国企业仍深受弗雷德里克·泰勒（Frederick Winslow Taylor）的科学管理观念的影响，盲目追求劳动生产率，虽采用科学管理方法，但依然面临生产力低下和劳资冲突问题。为了解决这个问题，研究小组在国家科学院研究委员会的资助下，决定以霍桑工厂为实验对象，进行调查和实验。实验共分为四个阶段，分别为照明实验、工作时间和条件的福利实验、访谈实验、非正式组织力量的群体实验。

研究小组在第一阶段选择了照明度作为考察变量，这个变量在1915年便被泰勒确认为影响生产率的"易控变量"，但实验结果出乎所有人意料，照明度的降低并不会对工人的效率产生消极影响。研究人员遭遇了前所未有的挫折，他们不得不暂时放弃传统的功利主义，求助于社会科学领域，梅奥、沃纳、罗特利斯博格（F.J.Roethlisberge）、迪克森（W.J.Dickson）和哲学家怀特海（Alfred North Whitehead）等人便在此时加入项目，共同参与研究。主体转移的项目小组将人类学的参与观察法和深入访谈融入其后三个阶段的实验过程，在霍桑工厂开展田野考察，考察工厂人群之间的关系模式和互动模式，重新探究影响劳动生产率的决定因素。

在福利实验中，参与人员以不同的身份介入工作，一部分人以"参与的观察者"身份介入绕电话线实验，另一部分人以"观察的参与者"身份介入继电器装配室工人的工作和社会生活，评估他们的人际关系。五位继电器装配员、一位电路设计技师和一位实验观察员共同参与。在继电器装配室，参与人员在不隐瞒自己的身份和研究活动的前提下，与被观察群体成员多方面接触、参加他们的活动，工人也被告知实验目的和方式。研究人员践行"观察的参与者"的理念，重点在于在调查者与被调查者之间建立一种和谐亲密的关系，如在食堂与工人一起吃饭，听取工人对工厂的意见等。这种半参与式方法改变了以往的管理实践，就各种改变向工人征询意见，工人们的意见被同情地予以倾听，工人的身体和精神状况成为试验人员极为关心的事。❶通过实验，研究人员发现在特殊的、非通常条件下的继电器装配测试屋工作的女工们之间能形成密切的友情团体，脱离了对权威的恐惧❷，习惯更多地与主管联系❸。

❶ 丹尼尔·A.雷恩.管理思想的演变[M].孙耀君,李柱流,王永逊,译.北京:中国社会科学出版社,1986:307.

❷ Dickson William J, Roethlisberger F J. Management and the Worker[M]. Taylor and Francis, 2004: 189.

❸ E D Chapple. "Applied Anthropology in Industry" In A. L. Kroeber ed[J]. Anthropology Today Chicago: University of Chicago Press, 1953: 819–831.

在绕电话线实验中，团队成员作为"参与的观察者"❶，在不隐瞒身份和目的的前提下，对被观察的男工群体实施不参与或者尽量少参与的行动。实验采取集体刺激工资制，将男工隔离于一间观察室中，与监工和参与调查的人员都隔开。研究人员发现工人们对一日工作量的理解低于管理当局规定的产量。同时在工人群体中，还有一种对工人态度起到关键性影响的非正式组织。工人遇到两难的境遇，产量过高可能导致工资降低，或产量标准升高，产量过低可能面临监工的指责，于是他们之间形成了一种团体规范，并采取不同的手段来维持自己非正式团体成员的资格，如隐藏多余的产量，不让产量超过规定标准，使产量报告平均化，以避免产生过快或过慢的现象。这证明产量限制与管理当局的规定无关，而是受团体的影响。

在此基础上，研究人员又转向工人本身，进行深入访谈实验，这也借鉴了人类学的访谈方法，目的是考察工人对工作和监督的看法、喜好、担忧等真实想法。梅奥采用了非指导性、非结构性访谈，研究人员只提一般性问题，由受访对象控制谈话的题目和时间，叙述他们认为重要的问题，且访谈需要建立在保密、闲聊、访问者掌握技巧的前提下。事实证明，这种访谈让工人产生一种被关心、能说真话且不被惩罚的良好感觉，使得他们对其雇主的态度更为积极，反过来导致了预期生产率的提高。❷

这一系列实验最终诞生了在社会心理学及组织行为理论领域里著名的"霍桑效应"：当被观察者知道自己成为被观察对象时，会相应改变自己的行为倾向。从结果和影响上看，"霍桑实验"不仅为西部电力公司工厂生产效率问题提供了有效的解决方案，更重要的影响是其衍生出的"霍桑效应"证明了工人并非被动、孤立的个体，影响工人行为和效率的因素有工资待遇与工作条件，但更为重要的因素是人际关系。这也表明作为社会成员的工人，具有复杂的社会关系，其生产效率取决于士气，而士气受家庭、社会人际关系

❶ 丹尼·L.乔金森.参与观察法[M].龙小红,张小山,译.重庆:重庆大学出版社,2009:47.
❷ 斯坦因·拉尔森.社会科学理论与方法[M].任晓,等译.上海:上海人民出版社,2002:148.

等因素影响。此外，传统管理理论强调的正式组织团体和规章制度失去了稳固的地位，显然非正式组织更具规范力。这一系列发现颠覆了传统管理理论对于人的假设，促进了新的科学管理学理论的形成。基于此项目，梅奥于1933年出版《工业文明的人类问题》（*The Human Problem Of An Industrial Civilization*），奠定了其在行为管理研究领域的地位。至此，以效率逻辑为导向的传统科学管理理念被打破，经纪人时代开始朝以情感逻辑为主导、关注非正式组织要求的社会人时代转变。

尽管后世对"霍桑实验"褒贬不一，但不可否认其所引发的管理学领域的反思，对设计人类学的进程起到了不可忽视的推动作用。1943年，沃纳和梅奥在芝加哥大学与社会研究公司建立工业与人际关系协会，继续专注商业管理研究。其后来自人类学和社会学领域的学者也分别对实验进行思考和深化。在"霍桑实验"的影响下，20世纪40年代掀起了一股人类学对商业管理和工业生产的研究浪潮，以丹尼尔·贝尔（Daniel Bell）、莱恩哈特·本迪克斯（Reinhard Bendix）、劳埃德·H.费希尔（Lloyd H.Fisher）等为代表，进一步为设计人类学的诞生做了铺垫。

第二次世界大战至20世纪50年代，新的军事专业领域加入商业和工业生产管理的研究中，包括工程学、社会学以及心理学等学科间的互动和分析，人类行为产生作用的先决条件以及管理运作技术被投入更广泛的研究领域，致力于发展互动分析技术，促进机械设计的改进，提高机器利用效率，预防事故发生，为企业管理提供更多可行性。

20世纪60年代至70年代，随着战后社会发展带来的人口、资源、气候等问题，设计的道德话语重新成为一种设计思考的价值立场，设计领域的激进主义运动兴起。美国设计理论家维克多·帕帕奈克（Victor Josef Papanek）是其中一位贡献突出的人物。他长期与原住民文化团体一同走访、观察日常生活中的物品和美学，家里摆放了各种富含人类学意味的物品，并在设计作品中融入对人类学和方言形式的兴趣。这种设计向人类学的延展在20世纪70年代如火如荼，民间历史学家、考古学家和人类学家将不同物品和文化进行批判性比较，对当代生活和价值观的假设提出质疑。以《为真实的世界而设计》(*Design For The Real World*)为代表，帕帕奈克对现代工业设计提出了质疑和批判，认为多数设计师的作品只满足了人们短暂的欲望，而抛弃了本该承担的道德责任。他开始倡导一种以社会和生态为导向的设计，并强调设计应为广大人民服务，尤其是为第三世界的人民服务。他将自己的理念融入设计实践，基于对印尼土著文化的民族志学观察，设计了一款由回收的易拉罐、晶体管、耳塞等材料组成的低成本无线电接收器，以牛粪为充电能源❶，此外他还曾在纳瓦霍、因纽特等地区从事教学和设计研究项目，为当地设计了成本低廉且满足需求的物品。这样的"人道主义物品"印证了他的立场，也预示了设计人类学的必要性和趋势，即设计和人类学未来需要也必将联手解决各种社会问题，促进社会平等。

同时期的人类学领域也经历着观点的辩论和更新。以克利福德·格尔茨（Clifford Geertz）为首的人类学家从解释学角度促进了民族志方法的发展，人类学家对社会现实和文化结构方面的理解和阐释变得日益重要。格尔茨把人类学的文化解释看作将一种表达系统的意义通过另一意义系统进行文化创造性转译的工作，认为对人文研究而言，不在于获取发生的事实，而在于厘清这些事实在地点发生的含义是什么，关注意义比关注行为更重要，相比因果法则和机械释义，更应该寻求解释性理解。他认为理解一个民族的文化是在"不削弱其特殊性的情况下昭示出其常态"❷，理解的目的不在于重构或复制，而是一种开放性文本，抵达文化深处，此种意义上的文化不再是决定行为的"权力"，而是使人类行为趋于可理解的意蕴的背景综合体。❸格尔茨的解释人类学逻辑阐释了文化的多元概念和释义学方法，把人类文化生活视为一种符号系统，为民族志

---

❶ 维克多·帕帕奈克. 为真实的世界设计 [M]. 周博，译. 北京：中信出版社，2012：232−233.

❷ C Geertz. The Interpretation of Culture[M]. NewYork: BasicBooks, 1973: 14.

❸ 克利福德·格尔茨. 地方性知识：阐释人类学论文集 [M]. 王海龙，张家瑄，译. 北京：中央编译出版社，2000：7.

写作认识论的转变奠定了基础。这种转变之后也在设计领域的应用中体现。

20世纪80年代起，设计人类学开始建立相对稳定的实践模式。世界经济趋向一体化，跨国企业、劳动力分工更加多元化，在全球经济联系愈加紧密的背景下，应用人类学、工业人类学、工程心理学等新兴研究领域和新术语源源不断地涌现，设计本体论的分支也在20世纪60年代设计激进主义的基础上发展起来，人类学与设计从不同角度缔结了更加紧密的联系。

一方面，文化人类学领域出现物质文化转向的整体趋势，有关工业社会的消费和物质文化的批判研究增多，如符号学、转型设计、后发展问题等，这些研究与设计史、设计文化领域或多或少都产生了联系，也产生了新的设计政治学。英国人类学家玛丽·道格拉斯（Mary Douglas）和巴伦·伊舍伍德（Baron Isherwood）认为消费是争夺和塑造文化的舞台，并试图基于对前现代背景连续性的假设，开辟了"消费人类学"的研究维度。社会人类学家丹尼尔·米勒（Daniel Miller）早期也以研究消费文化为主，后期捕捉到消费与人之间积极的互动关系，便试图确立一种脱离左派人文主义的新消费理论，开始探讨以家庭为代表的室内空间及建筑内部装饰所体现的人与物之间的关系。这类物质文化研究也逐步被纳入设计史的研究范畴。他用民族志的方法，把家庭空间看作私人物品的展示场所，记录并探察家庭空间中人与物的协商，包括人们对占有物品的看法以及与之的关系。丹尼尔·米勒还指出，20世纪末至21世纪初，随着数字时代到来，实体空间内的材料物品承载的属性和文化意涵也在悄然改变，软件与人的关系变得越发紧密，物品和空间作为研究对象也由实体转为虚拟的线上空间，如电子邮箱或社交媒体平台。

另一方面，受解释人类学观点的影响，设计中的田野调查方法得到了延展，尤其是对特定环境研究所产生的价值与作用。这一阶段的讨论比古典民族志中的实地研究传统更重视"预见性"及其对实践的贡献与意义，即偏向于用"介入"的方式，影响那些能够预见的可能性问题。在商业运作或工业生产的语境下，这种介入通常发生在项目进行的过程中，展现于设计过程中的某个阶段。这与工程心理学以及人类行为的分析研究的兴起有关，而更大的背景则是在西方发达国家此起彼伏的工人运动，导致政府与资本家更关注工人的健康与保障，以提高生产效率、预防意外发生。[1]在民族志的介入下，设计研究的重点转向人机交互、系统思维、社会创新策略，关注将人类行为的情境行为和可观察模式转化为抽象的概念价值和设计方向，最具代表性的学者是参与IDEO工作的简·富尔顿·苏瑞（Jane Fulton Suri）和参与施乐帕克研究中心工作的卢西·萨奇曼（Lucy Suchman）。

IDEO公司的前身是ID TWO设计咨询公司，由比尔·莫格里奇（Bill Moggridge）创立，于1991年和大卫·凯利设计室、Matrix产品设计公司合并成为IDEO公司，涉及电子通信、工程机械、金融业、家具、食品饮料、媒体、教育等多个行业，客户囊括联想、美的、TCL、三星、微软等集团，早期著名设计作品有苹果鼠标、世界第一台笔记本电脑等。苏瑞是IDEO设计咨询公司的总监，接受过实验心理学的训练，拥有建筑学硕士学位，从1979年开始就职于英格兰消费者工效学研究所，1987年在ID TWO设计咨询公司工作。在职业生涯中，她不断致力于用民族志方法观察用户做事和使用产品的方式，突破传统的人机工程学思维，增强设计工具的灵活性。苏瑞开发了移情观察和体验原型的技术，现在被广泛用于产品、服务和环境等创新与设计上，倡导"以人为本"以及为同感观察和经验雏形发展出来的技巧和理论，联合推出了IDEO的方法卡，并出版《无思维行动？》（*Thoughtless Acts?*），如今已被广泛应用于产品制作、服务、环境、系统和策略之中。

苏瑞与IDEO公司创始人利兹·桑德斯（Liz Sanders）及另一位总监索尼里姆（SonicRim）共同建立起设计人类学的实践模式。桑德斯是应用心理学博士，1982年加入查理森·史密斯设计公司，该公司在后来被费奇设计公司收购，她于1999年和同事成立索尼里姆设计咨询公司。她是参与式研究的领军人物，在民族志数据收

---

❶ 何振纪. 设计人类学的引介及其前景 [J]. 创意与设计, 2018(5)：11–17.

集和分析方法上贡献不菲。

施乐帕克研究中心（Xerox Palo Alto Research Center）是美国施乐公司成立的重要研究机构，1970年成立于加利福尼亚州的帕洛阿图市，作为最早开始聘用人类学者作为调查员的公司之一，在个人电脑、激光打印机、以太网等领域，以及图形用户界面、页面描述语言、文本编辑器、语音压缩技术等方面均有着创造性研发成果。1979年，人类学者卢西·萨奇曼加入施乐帕克研究中心，成为工作实践与技术方面的重要专家与管理者，标志着人类学的参与观察正式引入商业分析领域。萨奇曼认为："设计人类学发挥重要的作用，作为一门社会科学它将深入了解员工和消费者的文化和经验，为企业创造更大效益。"[1]在前沿制造公司里，人类学家深入调查群体，与他们同吃同住，记录并理解他们的生活与感受，挖掘深层消费需求，为企业制定营销策略和产品开发提供有效的帮助。

萨奇曼的贡献主要在计算机交互系统方面，她的研究集中在对民族志的分析、沟通研究、新技术的设计及文化因素与工作环境的关系研究，特别关注在计算机包围的工作环境中人类的行为，通过软件设计以推动民族志研究的进一步发展。1982—1990年，萨奇曼就职于计算机专业社会责任组织委员会。1987年，她出版最早关注人类学与设计之间特殊关系的著作《计划与情境行为：人机交流的问题》，被视作人机交互的奠基之作。该书强调环境的重要性与互动的整合过程，通过人类学与交互系统的设计结合引入物质与社交环境。1988年，萨奇曼获得施乐联合研究组的科技优秀奖。2007年，萨奇曼出版《计划与情境行为》的续篇《人机重组：计划与情境行为扩展版》，讨论了20世纪80年代的计算机化与技术社会学研究，重点关注人机联系，探索机器人与人机交互的新形式。

施乐帕克中心的民族志经验在20世纪90年代传播到工业设计领域，进一步推动将民族志方法介入设计。拜尔（Hugh Bayer）和霍尔茨巴特（Karen Holtzblatt）在《情境化设计：重新定义用户中

❶ Lucy Suchman. Human-Machine reconfigurations: plans and situated actions[M]. London: Cambridge University Press, 1987: 50.

心系统》一书中阐述了民族志介入设计领域的四大优势：首先，与用户访谈交流的语境设置在自然生活、工作环境中；其次，对用户的现场观察和对细节的讨论交替进行；再次，对用户行为、言论及环境进行系统的分析、解释；最后，通过引导访谈者获取与研究主题相关的资料。❶越来越多的企业与组织聘用社会学、人类学等学科的专家参与用户研究，共同推进设计过程，将民族志的使用边界延伸，发展出一系列优秀的社会组织和设计学者。

芝加哥设计公司德布林（Doblin Group）在1991年与施乐帕克合作"工作室计划"项目，研究部主管罗宾森（Rick E.Robinson）在离开德布林后创立的"数字化实验室"设计公司（E-lab）也延续了施乐帕克研究中心的实践策略，受萨奇曼经验的影响，他将民族志方法引入项目，提出"AEIOU"框架用以分析用户和数据信息——Activity（活动）、Environment（环境）、Interaction（互动）、Objects（物体）、Users（使用者），罗宾森同时在芝加哥设计学院举办讲座，在教育领域推广人类学的民族志方法，将这套实践体系传播到众多工业设计公司和机构，再从芝加哥蔓延至加州乃至整个美国的工业设计公司。

人类学家戴安娜·贝尔（Diane Bell）的女儿吉纳维芙·贝尔（Genevieve Bell）曾工作于英特尔公司，她在攻读博士时期的论文聚焦于19世纪末至20世纪初卡莱尔印第安工业学校的情况。1996—1998年，她同时在斯坦福大学人类学系及土著美洲研究室教授人类学。在英特尔公司就职后，她参与构建高等研究发展实验室，选择俄勒冈希尔斯伯勒的公司园区，开展针对全球应用技术的文化人类学研究。她的团队参与了英特尔公司的研究，辅助公司重新界定了一个更具市场价值与经验驱动的发展方向，由此在英特尔公司建立起作为一个整合基准的用户体验研究。

就职于国际计算机巨头公司IBM的珍妮特·布隆伯格（Jeanette Blomberg）对服务设计和人类行为的研究和实践也极具影响力。

❶ Hugh Bayer, Karen Holtzblatt.Contextual Design: Defining Customer-Centered Systems[M].San Jose: Morgan Kaufman, 1997:35.

布隆伯格是人类学博士，曾是斯诺帕克研究中心工作实践与技术组、沙宾特公司经验模型研究的成员，曾任瑞典布莱金厄理工学院（Blekinge Institute Of Technology）工业辅助教授并获该校荣誉博士学位。布隆伯格在设计程序的民族志方面研究颇丰，她和同事将体验模型和用户档案相结合，共同制订了民族志原则指引，在她看来，当下及未来的设计师和人类学家们是社会的"促变者"，在设计人类学这个新领域中会实现有效的合作，不断超越原有的思维方式，要充分利用连接两个学科领域知识的档案、图表、模型等工具。❶她在最近出版的《参与设计中的民族志位置与计算机支持协同工作25年民族志反映》（*Positioning Ethnography within Participatory Design and Reflections on 25 Years of Ethnography in CSCW*）、《服务人类学》（*An Anthropology of Services*）中梳理了服务的概念化及发展状况，并从人类学角度对服务设计的影响进行分析。她当下的研究主题集中于人类行为与数字信息产品以及商业效益之间的联系上。

到20世纪90年代中后期，设计人类学领域整体的、与环境更广泛相关的、民族志的方法已经取代原来分散的行为和心理方法，设计人类学的方法论进一步走向成熟。除E-lab、英特尔、IBM之外，Doblin Group、微软等公司也效法聘请人类学家，梅丽莎·赛夫金（Melissa Cefkin）等学者都投入设计人类学的研究中，赛夫金于2015年3月被日产汽车公司破格雇用为首席科学家与人类学家，专门研究人机交互和汽车的自动驾驶技术。她对人机关系发表过观点，认为自动驾驶的问题不能单纯地由人或机器解决，而需要在二者间建立一种平滑的过渡，这个过程需要人与机器合作完成。

进入21世纪初期，设计与人类学仍在持续融合，设计人类学将面临不断变化的新趋势。人类学产业实务应用会议自2005年起每年举办一次，是展示人类学与商业产业融合的重要媒介。苏珊·斯夸尔斯（Susan Squires）和布莱恩·拜恩（Bryan Byrne）在

❶ 关晓辉.设计人类学的视野和实践 [J].艺术探索,2019,33(3):125-128.

《创造突破性的观念：人类学家和设计师在产品开发行业的合作》（*Creating Breakthrough Ideas: The Collaboration of Anthropologists and Designers in the Product Development Industry*）中探讨应用设计、产品生产和商业市场中民族志的价值与角色，指出人类学与商业的结合是学科延续的必然结果，商业人类学和设计人类学之间存在重叠之处。

当下学者对设计人类学的研究主要关注人与物、生产和使用的关系，纵观各类著作，大部分偏重方法论层面的应用。以设计史学家艾莉森·J.克拉克（Alison J.Clarke）的《设计人类学：转型中的物品文化》（*Design Anth ropoloty: Obiect Culture in Transition*）为代表，将设计相关的社会现象通过人类学的视角和方法纳入研究范畴。克里斯汀·米勒（Christine Miller）的《设计学＋人类学：人类学和设计学的汇聚之路》（*Design+Anthropology: Converging Pathways In Anthropology And Design*）、温迪·冈恩（Wendy Gunn）的《设计人类学：理论与实践》（*Design Anthropology: Thepry And Practice*）、《设计学与人类学》（*Design And Anthropology*）和基斯·墨菲（Keith M. Murphy）的《设计与人类学：摩擦与亲和》（*Designs and Anthropologies: Frictions and Affinities*）分别从设计学和人类学的学科领域出发，梳理交叉的切入点和方法，关注设计过程中的用户参与、创新和协作研究。莎拉·平克（Sarah Pink）的《数字物质性：设计与人类学》（*Digital Materialities: Design and Anthropology*）则从技术角度探讨设计人类学未来的方法发展。

克拉克指出，以《为真实的世界设计》为起点，自20世纪70年代以来，以帕帕奈克为代表的设计师不断推动设计和人类学走向批判性。她的《设计人类学：转型中的物品文化》一书集合了人类学家、设计师等不同身份的研究者的探讨，涵盖各种带有人类学视角的设计问题、现象，但她也意识到，自设计人类学的概念出现以来，研究者和实践者对设计人类学日渐高涨的热情并不意味着这一领域已经正式成形。除克拉克外，温迪·冈恩编著的《设计人类学：理论和实践》和克里斯汀·米勒的《设计学＋人类学：人类学和设计学的汇聚之路》也是近年来有关设计人类学的代表著作，从人类学视角对消费、物质文化等进行研究，促使学科视野持续拓宽。同时，人类走在后数码时代道路上，设计涵盖了对文化素养的广泛理解，不再局限于以工业对象为基础的大规模生产，而是转向本地经济、新兴服务经济、现实与虚拟的讨论。丹尼尔·米勒认为，社交媒体作为民族志的研究场所，如同室内设计的实体空间一样，也是人类的居住地。批判性人类学如果不区分线上世界和线下世界，不仅会引发实体问题，还会引发一系列涉及普通人类生活的属于当代本质的关键问题，如移民问题、社会关系问题等，因此设计人类学必须着眼于"去异国化"的网络世界。❶

相较国外，中国本土对设计人类学的研究稍显滞后。20世纪80年代，国内已经出现艺术设计与人类行为的相关研究，但尚未形成统一的学科体系，"设计人类学"的概念直到20世纪90年代末才开始在学界产生影响。1999年国务院学位委员会办公室、教育部研究生工作办公室颁布的《授予博士、硕士学位和培养研究生的学科专业目录》将"设计人类学"列为专业方向。2001年，教育部社政司科研处编著的《人文社会科学研究现状与发展趋势》一书在阐述"艺术设计学"的范畴时，纳入了"艺术设计人类学"概念的介绍。

迈入21世纪初，设计人类学的出现频率逐渐增高，但局限于特定的研究或教材中，代表学者有杭间、许平、余强、李立新等。杭间早在20世纪80年代末便在《工艺"机制"——工艺人类学联想》中探讨过工艺设计与人类学的联系。1999年，杭间开始在中央工艺美术学院招收"设计与人类学关系研究"方向的硕士研究生。在《手艺的思想》一书中，他也阐述了对设计人类学研究的兴趣。杭间在"2001年清华国际工业设计论坛暨全国工业设计教学研讨会"上发表《设计与人类学联想》，从

---

❶ 艾莉森·克拉克.设计人类学:转型中的物品文化 [M].王馨月,译.北京:北京大学出版社,2022:297.

"生理机制""心理机制"和"社会机制"三种机制分层对"工艺机制"进行探讨,讨论工艺作为人类文化活动是如何产生的。他认为"最早技艺的产生、工具的制造,不仅是纯粹意义上的文化现象,而是人类为了谋求与适应生存的结果……这个因素就是文化活动中人类的生物性"。❶这一观点与法国人类学家马塞尔·莫斯(Marcel Mauss)所著的《身体技术》中对于技艺受到社会、个体生理和心理的三种要素共同影响的"整体性"特点的叙述相呼应。

另一位设计史学家许平则采用生物人类学的视角,对人类造物行为的本源深入思考,认为人的学习能力会外化为一种生存技术,预设了技术发展与"制度"文明的形成之间存在逻辑联结。人类对于技术追寻是因为缺乏专门化的器官和本能,生物学人类学称为"本能的贫乏",在无法适应环境的情况下,只能将自身能力投向改进预先构成的自然条件。❷这个观点从人类学的视角对设计行为出现过程进行了另类的解读,为物延伸人的身体提供了一种新的解释。

2010年至今,设计人类学基础理论的引介频率开始提高,不同行业和领域与设计人类学的交叉融合日益增多,主要关注对概念、学科范式和路径的梳理和思考,实践应用方面分布于空间、服饰、博物馆展陈、产品设计等领域,研究用户需求和交互关系。总的来说,大多仍停留在科研院所,商业管理、工业生产实践领域相对薄弱,研究视角也具备可拓展性,这从另一个角度显示出设计人类学旺盛的生命力和未来探索的广阔空间。

❶ 杭间. 手艺的思想 [M]. 济南:山东画报出版社,2001:204.

❷ 许平. 反观人类制度文明与造物的意义——重读阿诺德·盖伦《技术时代的人类心灵》[J]. 南京艺术学院学报(美术与设计),2010(5):99-104.

第三节
作为研究方法

一、文化转向

人类学尚未与设计交叉时，早期的设计研究以"物"为研究对象，注重纯粹而常规的产品开发，后期由于物质文化转向的影响，设计扩展到人与物之间关系的研究。近年来，随着以用户为中心的设计策略逐渐占据人们的视线，研究的重点逐渐朝着作为受众的"人"本身转向。人与物，生产与使用之间的关系，物质和消费，塑造体验和产品的文化过程，被关注的对象除了人的生活习惯，还有生活习惯形成的原因、特征和影响因素，都被纳入设计思考和研究的范畴。这与学界的物质文化转向也形成了呼应。

总体而言，无论是针对"物"、针对"人"，或是针对"人"与"物"的关系，人类学都能够为设计研究提供重要的研究思路、依据、方法，而设计与设计学的发展也反过来为人类学的研究提供了充实的资料和经验，丰富了人类学的研究内容。设计通过所造的物聚集人类，而人类学的记录和思考可以突破科学实践与非专业实践的限制，将杂乱的知识重新排列联系在一起，生成新的经验和知识系统。

二、实践原则

设计人类学的实践方式众多，而在实践过程中，需要有一套可以衡量操作的标准，克里斯汀·米勒将这套标准整理为八个新原则，分别是变革性、整体性、协作性、超学科性、展演性、新兴可能性、迭代性、批判性，❶研究者们可以通过这个框架来分离设计

---

❶ 克里斯汀·米勒. 设计学 + 人类学：人类学和设计学的汇聚之路 [M]. 肖红, 郁思腾, 译. 北京：中国轻工业出版社, 2021：94.

人类学的具体事件、评估项目，探索设计的整体协作。米勒对这八个原则的具体阐释如下。

变革性对应的是未来取向，设计人类学家的明确目标是改变或转型一个现象或系统的现状，思考"创造中的未来"而非"创造未来"。

整体性用于衡量所研究的非孤立事件，是包含在整个系统中的现象。

协作性要求设计人类学家把实现共同愿景或解决共同问题作为与任何人、任何机构合作的目的。

超学科性的目的不在于掌握某几种具体的学科，而是要在学科间建立共同点，寻找共通之处，并对学科外的知识保持开放性，这种开放的态度有助于知识的统一和整合，实现学科互补及互动。

展演性是一种认为人、事、机会在形成过程中会不断相互作用的世界观。展演既是一种隐喻，又是一种分析工具，还是一种"产生意义的实践"，强调社会参与者之间的或某个社会参与者与周围环境的互动。

新兴可能性考验的是对问题思考的全面程度，在研究过程中使用的方法需要考虑到各种不同的可能性，社会、政治、金融、经济等多方面的变化对大范围的利益相关者和地球的影响都要囊括其中。

迭代性指使用的方法实现了一个迭代的设计过程，包括准备和规划、探索、机会识别、构思、原型开发、测试和验证阶段。

批判性指研究的核心团队在项目的每个阶段都要进行严格评判，识别和评估预期和非预期的后果。

三、民族志与干预主义策略

设计人类学是一个需要通过协作完成的知识生产领域，主要从方法论的角度展开，最为独特的创举是民族志作为研究方法的引入。一方面，最初基于应用在商业领域自然形成的设计人类学主要表现为以经济创新为导向的"用户中心"的研究方法，设计师与企业意识到民族志方法对于理解用户的需求和部分文化禁忌的优势和价值。

另一方面，以经济驱动为主导的"设计人类学"创新策略，注重对民族志的实践进行改良，其目的更加偏向应用人类学。

民族志是人类学最经典的研究方法之一，而自马林诺夫斯基后，以参与观察和深入访谈为核心的田野考察就成了人类学获取资料的重要途径，民族志也以此为基础和依据写成。在当下对设计人类学的讨论中，与民族志紧密相连的概念以干预主义和参与式观察为主。干预主义观念的兴起与20世纪60至70年代西方的社会、政治运动有关，当时公民要求在与生活相关的各种决策中获得更多的话语权，要求更多的参与。人类学转向"刻意地介入和转型"，意味着改变以往人类学参与式观察去研究"他者"，具体方法包括窥探式观察或随行观察法，采用刻意介入的"参与式设计"或者"参与式行动研究"进一步拓展人类学者研究过程的可能性，赋予更多能动性。[1]具体到设计领域，这种观念体现在建筑城市规划、人机交互的信息设计等方面。托尼·罗伯森（Toni Robertson）和贾斯帕·西蒙森（Jesper Simonsen）将"参与式设计"定义为"一种调查、理解、反思、建立和发展的过程。在集体反思中支持多个参与者之间的相互学习。参与者通常承担用户和设计师的两个主要角色，设计师努力了解用户的实际情况，而用户则努力阐明他们的期望目标，并学习恰当的技术手段"。[2]

鉴于设计学和人类学各自的学科广度，设计师和人类学家在合作的过程中存在一定的差异。人类学家惯用的方法是总结过去发生的事，用以强调当下，借描述感受存照，保留研究情景的原生态，尽可能避免对其产生干扰，其工作具有"纪实性"。设计师则倾向于推测并创造关于未来的图景，需要介入和干预物质生产生活，其工作具有"创造性"[3]。这意味着双方工作之间需要找到平衡点，只

---

❶ 克里斯汀·米勒.设计学＋人类学:人类学和设计学的汇聚之路[M].肖红,郁思腾,译.北京:中国轻工业出版社,2021:73.

❷ Jesper Simonsen, Toni Robertson(edited). Participatory Design: An introduction. Routledge International Handbook of Participatory Design[C]. New York: Routledge. 2012: 2.

❸ 温迪·冈恩,托恩·奥托,蕾切尔·夏洛特·史密斯.设计人类学:理论与实践[M].李敏敏,罗媛,译.北京:中国轻工业出版社,2021:286.

有将各自的学科优势进行整合才能达成最优解。而设计人类学的独特之处在于，研究过程中干预主义策略与参与式观察共同促成的民族志，在一定程度上打通了专业与非专业设计之间的壁垒，人类学家与设计师及其他学科领域的成员全体参与到知识共享的社群网络中，自下而上地提供创新策略。设计师在协同设计的过程中更加强调进行需求和资源整合的协商角色，反映出设计的干预主义倾向，推动了面向未来自主的知识生产。文化与设计不再是彼此独立的分析领域或双方间学科的扩展，它们是互相纠缠的。

设计人类学家在知识生产方面被期望扮演的角色是具备强烈自反性的，在人类学的"他者"视角下，他们拥有独特的洞察力和灵感，更多以"促进者"而不是"专家"的身份来联结不同的工作角色，调和沟通与资源分配问题。❶值得注意的是，洞察力和灵感源于他们的活动和思维，而这并非高度形式化的研究计划的一部分，却有着类似的模式：深入观察、好奇心、知识的整合与体验。他们会关注引人注目的元素，进行记录和可视化转换，然后重新审视，与团队和客户讨论，在这个过程中体验不同人群的价值观。

体验的重要性在温迪·冈恩编著的《设计人类学：理论与实践》中也被多次强调，通过丹麦"无菌中心项目"的实践，她将设计人类学的三个工具概括为感知综合、经验并置、潜在关系。❷感知综合是基于视觉、具体化和非文本框架而非始于语言编码的理解方式，如在筹备过程中借助沉浸工具包帮助成员体验医院工作场景的一部分，将拍摄的照片编写索引、剪辑，分组观看和注解，每一组都将具有相同特征的片段剪辑放在一起，串联并转化具体实例的做法，融合了个人感知的多样性和集体协作的综合性。经验并置的目的是探索潜在的经验并坚定地呈现，为参与者创建描述超能力的卡片，以理解机器人技术在实践中的作用，将机器人技术的预测转化为对技术人员为工作带来价值的协同预测。潜在关系则是一种关于体验未来实践的嵌入性方法，体现在"无菌中心项目"的另一个

❶ 王馨月，张弛. 设计人类学发轫的初探 [J]. 设计，2021，34(11)：104-106.

❷ 温迪·冈恩，托恩·奥托，蕾切尔·夏洛特·史密斯. 设计人类学：理论与实践 [M]. 李敏敏，罗媛，译. 北京：中国轻工业出版社，2021：82-85.

工作坊里，四组参与者通过表演还原解决方案的场景，帮助理解项目中相互冲突的景象，以及工作人员如何与可能的新机器人同事相处。考察潜在关系的优势在于更快显现不一致和冲突，对假设提出质疑，在项目开始前而非结束后建立有意义的框架。

四、批判的设计

批判性概念是设计人类学重要的创新思维之一，在过去几十年中，民族志研究者已经通过揭示平民生活中的权力束缚及结构、权威和纪律扮演的角色获得重要地位，在身份政治、后殖民主体性和全球化进程方面进行争辩，一方面在政治上被意识形态驱动，同新左翼结盟，另一方面以商业机会主义的名义被市场驱动。❶设计也受到影响，一部分边缘的设计实践证明了批判性社会分析与设计结合的效果，通过场景和技术构想或解构未来，把目前条件的合理性拉伸到极致，对我们设计过的、社会和政治的正统观念形成了挑战，引导人类反思。在此语境下，设计不是日常生活的附属物，而成为积极的政治、社会干预手段，衍生出更多富有启示性的设计概念，如生态设计、本体论设计、反设计、扫盲设计等，同时激发人们对设计人类学产生更多的反思，如物联网、技术、伦理争议等。

在设计人类学的实践中，社会背景是无法被忽视的重要因素。鉴于工业社会日常生活给地球造成的重大影响，帕帕奈克认为应当用极其严肃的态度看待设计的社会背景，以他为首的一众设计理论家提倡在设计与世界之间建立新的互动。随着设计走出工作室，超越传统设计行业的范畴，进入更广阔的知识应用领域，专家与用户之间的区隔被打破，这主要体现在两方面：一方面是人人都可成为设计师，另一方面则是以人为中心的设计转向。设计从基础设施、城市、生活环境、医疗、食品到机构、景观、虚拟世界，最后则是

❶ 艾莉森·克拉克.设计人类学:转型中的物品文化 [M].王馨月,译.北京:北京大学出版社,2022:167-168.

体验本身，新的设计思想层出不穷，为众多关联学科开辟了全新的空间。如数字技术逐渐在设计领域起到激发性作用，很多设计师开始聚焦交互设计，通过结合数字技术与以人为中心的设计抵消现代化对速度、效率、移动性和自动化的影响。在建筑领域，这意味着与地点和社区紧密相连的设计实践，通过移动设备解决问题。

与生态问题相关的设计也频繁被批判和讨论。在气候变化、人口增长、不可持续性和地缘政治不稳定的诸多问题面前，以往为富人的利益而对建筑等设计对象进行被动调整和改造早已不能满足需求，建筑师、规划师和生态学家在环境危机的背景下通力合作，将人类和自然系统及其过程进行整合，推动生态设计在概念上取得重大进步。设计师以此为基本出发点，致力于减少材料及废品对环境带来的影响，以及对循环使用和重新设计的处理，从地方性生产到仿生，转向协同创新实践，克服城市发展的种种困境。约阿希姆·哈尔瑟（Joachim Halse）参与的丹麦废物处理设计项目可以作为代表案例讨论。针对哥本哈根垃圾焚烧发电厂到达极限的困境，该项目致力于让市民和专业人员参与以设计为导向的对话，探讨改善废弃物处理的方法。研究成员通过参与式观察和技术研究先考察附近居民的生活方式和技术可行性，将市民的想象、关注、设计意念、环境挑战和商业机会结合❶，将小视频录制成玩偶场景与真人演出结合，描绘可能的处理废弃物的过程，然后付诸实践。

设计曾经被看作改变生活的变革之径，包豪斯便是典型的例子。实用性、广泛的吸引力和快速进步的潜力是设计在过去的主要优势，而如今设计却成为现代消费社会的崇拜对象。与其背道而驰的是"反设计"的概念❷。弗拉基米尔·阿科契波夫（Vladimir Arkhipov）在讨论商品民俗学时提到了一种"自制物品"，即在特定的地点、时间被创造出来，并且是独一无二的、与环境耦合的产物。影响自制物品的因素众多，包括物品的必要程度、制造者的专

---

❶ 温迪·冈恩, 托恩·奥托, 蕾切尔·夏洛特·史密斯. 设计人类学: 理论与实践 [M]. 李敏敏, 罗媛, 译. 北京: 中国轻工业出版社, 2021: 204.

❷ 艾莉森·克拉克. 设计人类学: 转型中的物品文化 [M]. 王馨月, 译. 北京: 北京大学出版社, 2022: 229-230.

业技能、受教育水平、文化程度及收入、替代物的存在和实用性、城市或乡村的居住地、气候、制造者所在国家在全球经济中的参与程度等。自制的实用品从一开始便存在，不以复制和出售为目的，它们被制造出来的目的不是刺激消费，这便意味着它们是"反设计"的，因为它们的形式全无审美目的，拒绝普通人的关注，只为制造者自身服务。从这个意义上，自制的日常品也可看作一种带有宗教崇拜的物品。

反设计是一个复杂而矛盾的概念。创造性的自由精神与具体的需要共同造就了矛盾的自制物品，在寻找并呈现物品的过程中，阿科契波夫的目的不是收藏或占有，而是通过非正式的对话与同龄人互动，揭示新的艺术法则。他认为珍视某个物品不在于其设计或展览价值，而是因为其存在本身这一事实。被收集的物品和关于物品的信息展示在线上博物馆，如路牌改造的雪铲、叉子制作的电视天线、凳子改装的临时马桶、破旧铁栅栏制作的行李箱拉杆等。制造者或使用者与这些自制物品之间的联系密切相关，他们以物品本身存在的方式使用它们，这种关系通常被过去的设计师忽视或否认。在此，相较数量，自制物品的创造行为和结果所体现出的纯粹审美形式❶更具决定性。

基于转型社会的背景，人们对设计关注的维度也产生相应的变化，本体论设计的概念逐渐兴起，指向从功能主义和理性主义的维度转向与生活关系相协调的一整套实践。本体论本身追求对世界本原的理解，它建立在反对二元论的多元价值基础上，以推动文化和生态的革新。❷这意味着重新定义福祉、生命计划、领地、地方经济和社区中的人，强调参与性和协作性，设计师不再是专家，而是促进者和协调者。阿图罗·埃斯科巴尔（Arturo Escobar）曾探讨过本体论设计的后二元论相关核心概念。他通过民族志研究拉美社群人民在地缘权利斗争中体现的行动主义，认为本体论设计的转向是去殖民化、非人类中心主义的。本体论设计要求人们反思大众与

❶ 艾莉森·克拉克.设计人类学:转型中的物品文化 [M].王馨月,译.北京:北京大学出版社,2022:230.
❷ 王馨月,张弛.设计人类学发轫的初探 [J].设计,2021,34(11):104-106.

专家的身份与关系，这种转向反映出新时代的设计开始回归对生存、文化等人类本质的话题，但并不意味着知识论层面的讨论失去了必要性，设计人类学知识生产的过程及理论渊源仍然需要把握。

即便批判性的设计概念越来越多，但埃斯科巴尔也指出在设计实践和现代性、资本主义、父权社会、种族和发展之间的批判分析仍然是缺乏的，设计、政治、权力和文化之间的关系仍需具体化。以他参与的拉丁美洲考卡山谷省的转型设计实践为例，当地社群的生活环境被精英夸张吹捧，并以各种民间文化方式庆贺，"甘蔗模式"下的环境恶化、工人健康、种族主义及发展不平衡等问题均被掩盖，针对这些问题，设计联盟在协同设计过程中需要考虑并展现认知、社会、文化的多样性，为山谷创造一个全新的变革愿景。具体而言，是要创造由多个参与者通过借助技术、工具、材料和社会进程进行互动所共同构建出的设计空间，以达到顺利的协调行动和新环境的建立，包括创造不同于民间盛行的叙事、了解社群尤其是底层或边缘地带社群的各种生活项目、推动数字平台等多元化的行动、更广泛的转型想象等。

除了对边缘社群的关怀，施惠于移动产品使用者的"扫盲设计"也具有重要意义。艾琳·泰勒（Erin Taylor）和希瑟·霍斯特（Heather A.Horst）在研究海地移动支付服务与识字能力的联系时，聚焦用于传播和指导移动支付产品的广告、卡通画等宣传材料，这些材料展示了人们使用手机时各种不同类型的文字融合的过程，推广文案可以利用熟悉的文体类型传授移动货币的知识，社会学习能提高居民运用产品的熟练度。针对移动支付产品的设计不仅要考虑话筒材料、界面美感，还要考虑消费者不同的文化水平以及在不同社会背景下与产品互动的方式，致力于让设计特征如何构成更广泛的金融和文化景观的一部分。

在数字信息方向，莱恩·德尼古拉（Lane DeNicola）对"物联网"❶的讨论对人类学研究物品及设计文化有启发作用。"物联

❶ 艾莉森·克拉克.设计人类学：转型中的物品文化 [M].王馨月，译.北京：北京大学出版社，2022：273.

网"是一种工业设计和数字媒体的混杂融合。新兴消费技术与媒体如今已经在诸多工业领域普及，将物质产品和电子数据库、产品历史和使用群体相连，依附于原本毫不相干的设备，塑造着人们对世界的理解和与他人交往的认知，这使"位置感知"和"数据日志"成为许多物品和空间的默认属性。然而物联网仍处在进一步介入的束缚之下，数字化催生出精确复制的规范、作为属性的"模式"概念、流动的和瞬时的交换，以及复杂性、短暂性、不可思议性。"物的议会"和"物的酒吧" ❶都是物联网背景下衍生的批判概念。"物的酒吧"作为一种话语和集体空间，让微观层面的物联网交流得以显现，通过批判性的社会视角来考察咖啡馆、酒吧的"第三空间"。当下物联网的倡议者和设计师通常期冀建立一种源于人类与建筑环境关系重构的新平等主义。

此外，对设计人类学自身的反思也值得注意。近几十年里，用户和人类学方法被称为研究主客体关系的重要手段，设计人类学以其无穷的潜力渗入企业实践，但对主客体表达方式的批判性反思依旧是其中的重要方面。2010年，布鲁斯·努斯鲍姆（Bruce Nussbaum）在《快速公司》博客上发出了对人道主义设计的质疑，他问道："人道主义设计是新殖民主义吗？"，随后的文章中也指出人道主义设计会造成"非故意的后果"，而标榜人道主义的设计师与具有决定作用的当地精英拉近关系后，设计是否会变成新殖民主义的奴仆？ ❷这些问题引发了设计界的思考。

从帕帕奈克的《为真实的世界设计》开始，人类学在西方设计研究与实践中显现出了重要活力，人类学的立场与观点也被视作反消费主义的后工业时代价值导向，推动人们对物质世界生产和生活关系进行反思，其中经常引发战后"人道主义"设计反文化和后殖民机械主义的争论，由于带有殖民色彩的西方普世价值观对第三世界国家的输出，最初设计人类学的物化形式招致批判，如拉杰什瓦

❶ 艾莉森·克拉克. 设计人类学：转型中的物品文化 [M]. 王馨月，译. 北京：北京大学出版社，2022:279.
❷ 唐瑞宜，周博，张馥玫. 去殖民化的设计与人类学：设计人类学的用途 [J]. 世界美术，2012(4)：102-112.

里·高斯（Rajeshwari Ghose）曾在文章中批判了所谓的人道主义设计对边缘民族和人民进行刻板的划分、代表、模式化和评价。

20世纪80年代，部分设计师开始意识到单纯的设计援助是有局限性的，必须培植不发达国家本土的设计力量来促进这些国家自主、健康的经济发展。帕帕奈克在此前"为第三世界设计"的研究基础上提出"去中心化"的设计概念，指出第三世界的设计不能照搬西方的方法，因为第三世界的人们往往买不起高级的技术和设备，而且西方经验很有可能与当地的宗教、民俗产生冲突，要立足于本土的物质基础和智力资源。然而这种解决方式也有局限性，因为低技术很快会被淘汰，❶ 而许多第三世界国家不具备提升技术的能力。帕帕奈克的观念过于理想，没有考虑到设计周围复杂的政治和经济关系，但从设计方法和设计政策的角度看，他所做的设计实践及经验仍具有重要的指导意义。而如何成就去殖民化的设计人类学方法并服务于世界，成为研究者们持续探索的问题。

五、关系重塑与多元未来

人类学家基斯·M.墨菲（Keith M. Murphy）曾从三个角度对设计与人类学的关系进行了总结：一是"设计的人类学"（Anthropology of Design），主要探讨设计作为人类学的研究对象；二是"为设计的人类学"（Anthropology for Design），主要研究人类学如何作为创新方法介入设计；三是"为人类学的设计"（Design for Anthropology），探讨设计思维的融入给人类学带来的创新价值。❷ 这三个维度阐明了设计与人类学概念和方法的互补关系，当下的应用多数为前两者，即设计为主，人类学为辅。

人类学主要从两个方面推动设计。一方面，人类学本着普适性的精神对待设计，就像它可以把语言或象征性思维作为人类提出建

---

❶ 周博. 行动的乌托邦 [D]. 北京：中央美术学院，2008：87.

❷ Keith M. Murph. Design and Anthropology [J]. Annual Review of Anthropology. 2016(45): 433–449.

议的能力来对待，并且设想在物质层面实现之前就在心里预先设定的目标一样。另一方面，人类学以民族志描述的特殊模式来对待设计，即研究当代西方社会中以专业设计师自居的人的知识、价值观、实践和制度安排。❶二者之间的关联存在于一种假设性前提下：设计行业的基本章程与探索人类认知共性的人类学假设基本相同。

面对三种维度，墨菲和乔治·马库斯（George E.Marcus）认为设计学与人类学两个领域之间的整体关系在历史上一直是片面的，过往的关系主要强调人类学，尤其是民族志方法如何支持设计，而不是设计如何支持民族志研究。设计行为通常被赋予主体地位，人类学通常被简化为它的标志性方法，民族志被作为整体以目标为本的设计过程中补充性的部分，这造成了人类学与设计关系的不对等。他们提出用设计作为重塑民族志的模板："我们的目的很简单，就是拆除民族志老化的框架，把它拆成最基本的元素，然后利用从设计中毫不掩饰地'捡来'的零件和装配技术来重建新事物，以期重建人类学的核心引擎。"❷这提供了一种批判性思维，为人类学和设计的交融铺垫了新的方向，民族志可以受益于设计师处理材料的方式及他们为工作带来的创造力，民族志重塑全新的设计，设计反过来也可以从方法、写作和表达等各方面重塑全新的民族志，以便更好地适应当代人类学研究不断变化的偶然性，完成更加前瞻性的知识生产。如卡罗琳·加特（Caroline Gatt）和蒂姆·英戈尔德（Tim Ingold）提出的"借助设计的人类学"，在此设计本质上是开放性、实验性和即兴的，设计成为田野工作和民族志的一部分，人类学被视作对人类生活条件和可能性的推测探索。

技术伴随着时代革新，网络媒体不断以新形态兴起并扩散至生活的各个角落，设计的概念范畴也随之呈现出动态发展的、不断变化而拓宽的特征，引发设计学和人类学，乃至更多学科的融合与交流。未来的设计人类学代表着更多可能性。在蕾切尔·夏洛特·史

❶ 温迪·冈恩，托恩·奥托，蕾切尔·夏洛特·史密斯. 设计人类学：理论与实践 [M].李敏敏，罗媛，译. 北京：中国轻工业出版社，2021：152.
❷ 温迪·冈恩，托恩·奥托，蕾切尔·夏洛特·史密斯. 设计人类学：理论与实践 [M].李敏敏，罗媛，译. 北京：中国轻工业出版社，2021：277-278.

密斯（Rachel Charlotte Smith）和梅特·吉斯列夫·吉尔斯加德（Mette Gislev Kjærsgaard）等人共同编著的《设计人类学的未来》一书中，编者借用阿帕杜莱的观点，指出"未来"不仅是社会政治上的定位和谈判，也是文化上的多样性和地理上的分散性。❶ 事实上，不存在一个单一的、中立的和为所有人共享的"未来"，这里的"未来"是复数形式的"未来"，作为多种和异质的版本被带入经验范围，并通过不确定性而形成。设计人类学的"未来"是多元化的，将在不同的场所，通过不确定性、实验、合作和争论被塑造出来，既包括精心设计的信息传达方式、产品与体验，也包括提供对人性进行更深层理解的陈述。不同系统和文化具备不同的价值体系和特点，处在这些系统和文化中的人们需要更普遍地采取团队合作，在合作研究过程中学会借鉴、融合、互助，消减可能出现的不平等情况，更加了解彼此。

---

❶ Smith R C, Vangkilde K T, M G Kjærsgaard, et al. Design Anthropological Futures[M]. London:Bloomsbury Academic, 2016: 3.

社会学与设计研究

第二章

第一节
定义及议题

社会学（Sociology），顾名思义，是一门研究社会的学问。不同学派对社会学的定义各不相同，但总体上都具备相似的特征，即研究处于社会中的人类群体，研究社会上的各种行动。德国社会学家马克思·韦伯（Max Weber）认为社会学是一门试图说明性地理解社会行为，并由此对这一行为的过程和作用作出因果解释的科学。❶英国社会学家安东尼·吉登斯（Anthony Giddens）将社会学定义为一门重点研究过去两三个世纪工业转型所形成的社会制度的社会科学。❷美国新泽西州立大学社会学教授戴维·波普诺（David Popenoe）在其所著《社会学》（Sociology）一书的开篇也给出了定义："社会学是对于人类社会和社会互动进行系统、客观研究的一门学科。可以使我们超越仅局限于将社会视为一个整体的观念——即那种认为社会成员、构成该社会的群体和机构，以及改变社会的力量均享有共同的价值观念。"❸

社会学起源于19世纪，而最早对其产生推动的是18世纪的一系列西方社会变革。1789年7月，法国爆发人类历史上首次由自由和平等理念指引的大革命，波旁王朝被反抗人民从权力宝座上推翻，原有的社会秩序全面瓦解。随后由英国发起的工业革命及其带来的蒸汽动力的技术创新对欧美社会产生了巨大的冲击，劳动力从农田向工厂大规模转移。随之而来的是农业生产的机械化和城市的发展，传统社会结构在这种工业化和城市化的趋势下发生巨变。世界人口迅速增长，各种社会问题接踵而至。与此同时，在思想领域，工业革命对科学研究的推动也助推了启蒙运动的兴盛，科学

❶ 马克思·韦伯.社会学的基本概念 [M].胡景北,译.上海:上海人民出版社,2000:1.
❷ 安东尼·吉登斯.社会学:批判的导论 [M].郭忠华,译.上海:上海译文出版社,2013:21.
❸ 戴维·波普诺.社会学 [M].李强,译.北京:中国人民大学出版社,2007:6.

取代神学观念和旧哲学，成为人们思考的重要方法。以孟德斯鸠（Montesquieu）、卢梭（Jean-Jacques Rousseau）等人为代表的学者纷纷以不同视角分析社会的秩序和变迁，以"天赋人权"作为口号，强调理性认知和科学经验。传统的削弱，社会秩序的宗教合法性的衰退以及社会的日益多样化，早期社会学便是在这样的背景下应运而生。

安东尼·吉登斯指出，社会学的实践目的是唤起"社会学的想象力"❶，具体分为历史的感受力、人类学的感受力、批判的感受力。历史的感受力，是需要重新发现人类刚刚经历的过去，理解当下的社会生活方式与过往的区别，如资本主义和工业社会的发展历程和特征，民族国家何以建立；人类学的感受力，是指培育人类学的洞识，了解人类生存方式的多样化，其中最重要且困难的是打破西方中心论及种族中心主义的观念，不再坚定地确信西方世界的生活方式远优于其他文化的生活方式；批判的感受力，则需要将历史和人类学的感受力结合，摆脱仅从眼前的社会类型出发进行思考的限制，以分析为基础，更多地关注未来的可能性，把对现存社会形式的批判作为社会学的任务。

在研究对象的定义上，社会学家众说纷纭。综合各种说法，大体可归纳为五类：社会结构、社会行动、社会文化、社会变迁和社会关系。❷ 社会结构，用于表述社会各部分之间形成的联系；社会行动，用于理解社会中的人的具体行为；社会文化，即考察知识、信仰、艺术、法律及各种通过学习获得的能力和习惯，既可以作为研究对象，也可以作为研究社会的出发点；社会变迁，源自对19世纪西方社会阶级分化和矛盾现象的历史性关注；社会关系，指社会主体之间的关系，包括人与人、人与组织、组织与组织之间的互动和联系，这些互动有选择性的，有工具性的，有情感性的，通过不同的关系，人类得以进行社会活动。纵观社会学的发展历史，至今已经产生无数值得探究的具体议题，早期的议题主要有阶级划分

---

❶ C·赖特·米尔斯.社会学的想象力 [M].陈强，张永强，译.北京:生活·读书·新知三联书店,2016:25.

❷ 边燕杰,陈皆明,罗亚萍,等.社会学概论 [M].北京:高等教育出版社,2013:2.

与社会转型、现代国家、城市与日常生活、家庭与性别、现代化理论等。而近几十年来，全球化、后现代性、反身性、环境、生命历程、恢复性司法、失能的社会模型等，也成了社会学概念词典里的新成员。❶

与其他社会科学与自然科学相比，社会学突出的一个特点在于强调其所系统研究的是经验事实。作为一门社会科学，社会学需要调查研究、实验研究、文献分析、实地调查以及第二手资料分析，以此积累对经验事实的把握。在研究过程中，不同的研究方法时常面临争议，选择怎样的视角和立场成为一个重要的争论焦点。首先是科学主义和人文主义。科学主义更多追求"真"，主张掌握客观世界的事实和规律，人文主义追求"美"与"善"，把人类社会共同进步和社会生活的美好改善作为终极目标。

其次是定性研究和定量研究。社会学的研究内容是社会生活，社会学家们采纳并发展出一系列研究方法，根据所获资料的量化程度，在多大程度上使用统计方法，目标是理解或解释，可分为定性研究和定量研究。❷定性研究（Qualitive Research）主要包括参与观察、个人史研究，运用准确的语言描述社会事实，进行个案的规律性挖掘，本质上是一个归纳的过程，而定量研究（Quantitative Research）用于研究可以用数量来测量的变量，❸主要包括实验和社会调查，如收入、年龄、教育水平，从一般性命题推论到众多个案和具体情境中观察，本质上是一个演绎的过程。

最后是理论导向、政策导向。这两种导向都以"问题"为出发点，理论导向更注重逻辑困惑，研究思路是"想问题、究理论、重证明"，政策导向更注重现实困惑，研究思路是"抓问题、摆事实、提对策"。❹理论导向和政策导向需要在不同的问题下进行具体分析进而运用。

❶ 安东尼·吉登斯，菲利普·萨顿. 社会学基本概念 [M].2 版. 王修晓，译. 北京:北京大学出版社,2019:1.
❷ 边燕杰，陈皆明，罗亚萍，等. 社会学概论 [M]. 北京:高等教育出版社,2013:18.
❸ 戴维·波普诺. 社会学 [M]. 李强，译. 北京:中国人民大学出版社,2007:45.
❹ 边燕杰，陈皆明，罗亚萍，等. 社会学概论 [M]. 北京:高等教育出版社,2013:20.

诞生伊始，社会学就承载着研究以人类社会现象为核心的领域范畴，致力于描述和解释一种特定的社会，创立普遍性的理论。社会学发展至今，经历了超过一个世纪的时间考验，在各个地区、国家都产生了各具特点的研究流派和观点。

第二节
代表思潮及研究路径

一、研究理论

社会学作为一门经验科学，其知识生产基于对社会现实的观察，由此上升到系统性的解释，建构起一套具备概括性的、可以联系各种社会现象的理论。在社会学发展历史中主要有功能论、冲突论、互动论、关系论四个理论流派。

功能论（Functionalism）又称功能主义或结构功能主义（Structural Functionalism），一度在社会学理论中占据主导地位，认为社会是一个有生命的有机体，各个部门相互依存，为了维护有机体的生存和延续而存在。功能论的代表学者有奥古斯特·孔德（Isidore Marie Auguste Francois Xavier Comte）、赫伯特·斯宾塞（Herbert Spencer）、埃米尔·涂尔干（Émile Durkheim）、塔尔科克·帕森斯（Talcott Parsons）等。

冲突论（Conflict Theory）是与功能论并驾齐驱的另一种宏观社会学理论流派。冲突论者和功能论者的共同点在于都强调社会结构的重要性，区别在于冲突论认为社会结构之间充满不平等，有限的资源、权力带来的社会冲突是社会发展的原始动力，促进了社会发展和变迁。相较功能论注重的团结和稳定，冲突论更强调不平等和变迁。❶冲突论的提出者是卡尔·马克思（Karl Heinrich Marx），代表学者有科塞（Lewis Coser）、达伦多夫（Ralf G. Dahrendorf）等。

互动论（Interaction Theory）又称符号互动论（Symbolic Interactionism），由美国社会学家乔治·米德（G. H. Mead）创建。不同于功能论和冲突论，它是一种从微观层次出发的研究流派。该流派的观点是，社会是无数的个人在日常生活中互动的结果，人类处于众多有意义的实体组成的世界之中，这些"实体"可能是物质、行为、人、人与人的关系，甚至只是一个符号。❷互动论不认为社会是一种控制力量，强调人们处在创造、改变世界的过程之中，❸他们关注人类沟通方式，研究各种文化背后的象征意义。

关系论（Relational Theory）是一种发轫于20世纪20~30年代英国人类学研究的社会网络观（Social Network Theory）的分析视角。学者发现社区的界限并非如主观判定的那样清楚，以网络作为社会结构，任何主体间的纽带关系都会对主体行为产生影响。关系论的代表学者是哈里森·怀特（Harrison Colyar White）。

二、创始与形成——19世纪上半叶

法国启蒙思想家孟德斯鸠（Montesquieu）曾提出：应当透过表面上偶然发生的事件，把握着引起这种事件的深刻的原因。❹这可以看作最初的纯社会学思想。追溯社会学最初形成的19世纪，工业革命带来一系列社会变迁，机器化生产催生了新的工人阶级，工人平时不仅工资低，缺乏保障，居住条件也差，与此同时，城市的犯罪率逐渐上升。对于这些社会问题，19世纪早期的启蒙思想家和社会学家展开了不同角度的解释和研究。

---

❶ 边燕杰，陈皆明，罗亚萍，等. 社会学概论 [M]. 北京:高等教育出版社,2013:13.
❷ 边燕杰，陈皆明，罗亚萍，等. 社会学概论 [M]. 北京:高等教育出版社,2013:14.
❸ 戴维·波普诺. 社会学 [M]. 李强,译. 北京:中国人民大学出版社,2007:23.
❹ 雷蒙·阿隆. 社会学主要思潮 [M]. 上海:上海译文出版社,2005:5.

奥古斯特·孔德被誉为社会学的学科创始人，也是"社会学"这一名词的创造者。他曾是思想家亨利·圣西门（Claude Henri Saint-Simon）的私人秘书，受圣西门的影响，孔德最初将物理学方法引入社会学研究，1838年，他在《实证哲学教程》（*Introduction to Positive Philosophy*）一书中提出"社会学"这一名称，正式建立起社会学研究的构想。孔德试图用"社会物理学"（Social Physics）来形容社会学学科，他提倡实证主义（Positivism），将其视作社会秩序强有力的保证，❶强调有关客观世界的知识来自经验观察，以科学观察和实验寻求真理。社会的改组不是建立在政治或经济手段上，而是新的工业社会的道德上，对此，孔德提出通过普遍的道德教育来纠正社会的弊端。❷这是实证主义的优势所在。

在孔德之后，欧洲大陆陆续出现了几位社会学学科的推动者，为社会学的发展奠定了坚实的基础，这其中就有为大众所熟知的共产主义革命导师卡尔·马克思。马克思的著作大多集中在社会经济活动的研究，他所著的《1844年经济学哲学手稿》一书中着重分析了劳动的异化与货币制度之间的本质联系。❸马克思对社会经济的关注与他的历史唯物主义思想基础有关。历史唯物主义的观点认为，推动社会变革的基础并非人类的思想，而是社会经济。社会变革与资本主义制度密切相关，资本主义制度下的主要特征是阶级冲突，为历史发展提供了强大的动力。马克思在《资本论》里说："工业较发达的国家向工业较不发达的国家所显示的，只是后者未来的景象……一个社会即使探索到了本身运动的自然规律，它还是既不能跳过也不能用法令取消自然的发展阶段。"❹马克思和孔德一样认为社会学家不仅要认识社会，还应该改变社会，但他比孔德更加激进，通过对资本主义社会的矛盾性、对抗性的解释，他认为资本主义社会必将被共产主义社会战胜并取代。

---

❶ 奥古斯特·孔德. 论实证精神 [M]. 黄建华，译. 北京:商务印书馆,1996:40.
❷ 贾春增. 外国社会学史 [M]. 北京:中国人民大学出版社,2000:37.
❸ 卡尔·马克思.1844 年经济学哲学手稿 [M]. 北京:人民出版社,2014:47.
❹ 卡尔·马克思. 资本论 [M]. 北京:人民出版社,2004:8-11.

另一位法国重要思想家亚力克西·德·托克维尔（Alexis de Tocqueville）对社会学的关注点集中于历史和民主问题。法国思想家雷蒙·阿隆（Raymond Aron）曾评价托克维尔的问题既是历史的又是永恒的：其历史性在于它维系着现代社会民主化的事实，其永恒性则在于使我们直面平等和自由的复杂关系。❶

三、19世纪下半叶20世纪初

19世纪下半叶到20世纪初，社会学领域的研究逐渐扩散至欧美各个地区，产生了不同的学说。除了法国，社会学研究在英国、德国、意大利也陆续崛起，出现了不少具有代表性的学者。

赫伯特·斯宾塞是英国社会学的奠基人，以社会有机论（Social Organic Theory）而闻名。他认为社会是一个有机体，与生物有机体相似，内部的各个部分相互依赖，牵一发而动全身，而社会有机体和生物有机体的区别在于，社会有机体通过语言媒介保持团结，正如他在《社会学原理》（*The Principles of Sociology*）中所说："社会成员不用接触就能通过情感语言和口头或者书面语言超越空间而保持合作，这就是说语言具有身体刺激所没有的媒介功能。"❷斯宾塞提出，社会有机体若要处于功能平衡的状态，人们需要分化为劳动阶级、商人阶级、工业资本家阶级，这三种社会阶级各司其职，以达到平衡的目标。在关于有机论的观点上，他与孔德的不同在于，孔德反对个人主义，认为个人应服从社会，而斯宾塞支持自然选择基础上的个人主义，认为社会应增进个人目标。

斐迪南·滕尼斯（Ferdinand Tönnies）是德国社会学的创始人之一，受到19世纪浪漫主义思潮下历史学派观点的影响，他的纯粹社会学理论主要围绕"共同体"（Community）和"社会"（Society）两个概念展开。在《共同体与社会：纯粹社会学的基

---

❶ 杨善华,谢立中.西方社会学理论(上)[M].北京:北京大学出版社,2005:3.

❷ Herbert Spencer. The Principles of Sociology(Vol. Ⅱ)[M]. London: Williams and Norgate, 1882: 212-217.

本概念》（*Gemeinschaft und Gesellschaft: Grundbegriffe der reinen Soziologie*）一书中，他阐述了人类共同生活的两种基本形式，一种是"共同体"，是人的意志完善的统一体，作为一种天然原始的状态存在；另一种是"社会"，是相互陌生的生活群体。在共同体里，尽管有种种分离，仍然保持着结合，而在社会，尽管有种种结合，依然保持着分离。[1]在此基础上，他指出这两种生活形式之所以不同，是因为把人们联系在一起的共同意志不同。滕尼斯将人的共同意志分为本质意志（Wesenswille）和选择意志（Kurwille），本质意志是固有的，基于情感动机的，选择意志则是思维本身的产物[2]，它们都对人们的社会行动产生影响。共同体导源于本质意志，社会则导源于选择意志。

滕尼斯阐述了对社会本质、社会价值等概念的研究，对他所建立的社会学体系做出了系统说明，从社会学知识体系中开拓出一般社会学和专门社会学两个类别。对于社会学研究，他提倡客观性和价值中立的态度，反对掺杂感情和价值因素。作为一个科学的社会学研究者，需要明确社会学与伦理学不同的性质、使命所在，社会学本身只认识和描述客观的东西，不致力于建立价值公设和规范。[3]滕尼斯的社会学理论对德国社会学发展起到了极大的推动作用，并影响了美国的芝加哥学派以及帕森斯的思想体系。

维尔弗雷多·帕累托（Vilfredo Pareto）是意大利社会学家和经济学家，以《普通社会学》著称于世。他的普通社会学理论重点研究人的非逻辑行为，并提出了剩遗物和派生物的概念。非逻辑行为是相对逻辑行为的概念，指在主观和客观上的手段和目的并未联系在一起的行为。大多数人的行为是不自觉的非逻辑行为，帕累托从逻辑推理的角度考察了四种非逻辑行为，试图重组社会，综合地解释社会中的各种运动。在此基础上，他阐述了剩余物（Residues）和派生物（Derivations），剩余物符合人们的某些本能，是社会生活中基本的、相对持久的恒量因素，因此经常缺少精确性

❶ 斐迪南·滕尼斯. 共同体与社会 [M]. 张巍卓，译. 北京:商务印书馆,1999:58,95.
❷ 斐迪南·滕尼斯. 共同体与社会 [M]. 张巍卓，译. 北京:商务印书馆,1999:147.
❸ 贾春增. 外国社会学史 [M]. 北京:中国人民大学出版社,2000:79.

和严格界定，除欲望和利益外，在决定社会平衡方面起主要作用。剩余物主要分为：组合的本能、组合体的持久性、行动的本能、社会性、个人的完整性。而派生物指意识形态、信仰、理论之类的体系，强调情绪性质，主要分为：简单肯定、权威论据、原则、口头论据。❶在他看来，社会中的剩余物是常存的，派生物是易变的。

帕累托的另一重要贡献是提出了精英循环理论。他对精英的定义分为两种，一种是广义上的，指所有社会精英，另一种是狭义上的，指处于统治地位的少数人。帕累托认为，社会的特点是由精英，尤其是统治精英的性质决定的，而统治精英的性质则是由剩余物决定的。❷统治精英通常有两种：富于"组合情感"的狡诈圆滑的人和"组合持久性情感"擅长使用赤裸裸暴力的人，每一个政权基本都是暴力与亲和的交错，政治变化的形式便是一种类型的精英取代另一种类型精英的循环，构成社会发展的轨迹。

埃米尔·涂尔干是法国著名社会学家，被视作现代社会学的奠基人之一。作为实证主义社会学的传人，涂尔干和孔德一样，是一个"工业社会"的理论家，他将社会视为一个整体，将工业化而不是资本主义或自由主义理解为现代社会最核心的特征。❸涂尔干把社会事实当客观事物研究，在研究中指明了个体和群体的关系，提出"机械团结"（Mechanical Solidarity）和"有机团结"（Organic Solidarity）❹的概念，"机械团结"指由于彼此相似而形成的关联，"有机团结"则与之相反，是由于彼此有别、建立在个人分化基础上的关联。这两种关联形式的对立与氏族社会和出现劳动分工的现代社会之间的对立相吻合。在《社会分工论》一书中，涂尔干对比了农业社会和工业社会的劳动分工状况及衍生的社会关系，提出集体意识的概念，认为集体意识驾驭的范围与社会中"机械团结"和

---

❶ 维尔弗雷多·帕累托. 普通社会学纲要 [M]. 田时纲，译. 北京：生活·读书·新知三联书店，2001：130–140.

❷ 贾春增. 外国社会学史 [M]. 中国人民大学出版社，2000：174.

❸ 埃米尔·涂尔干. 职业伦理与公民道德 [M]. 渠东，付德根，译. 上海：上海人民出版社，2001：13.

❹ 埃米尔·涂尔干. 社会分工论 [M]. 渠东，译. 北京：生活·读书·新知三联书店，2000：90–92.

"有机团结"的占比情况有关。劳动分工的最大作用不在于提高生产率，而在于彼此紧密的结合，构成了社会和道德秩序本身。[1] 从这一分析中，他得出"个人诞生于社会"的社会学观点。

此外，涂尔干对欧洲社会的一些社会问题进行了探究，包括宗教、自杀、道德等主题。在最为著名的《自杀论》（*Le suicid*）一书中，他考察了影响自杀率的因素，以及自杀行为隐藏在个人性质下的社会性质，这反映了集体对个人命运的支配程度。如果想要消除不正常的自杀现象，需要在新的社会条件下进行新的社会整合。涂尔干的另一本《宗教生活的基本形式》（*Les formes élementaires de la vie religieuse*）则研究了图腾制度和宗教的社会本质，认为宗教是一种特殊的社会事物，让社会成员的思想集中在了共同信仰和共同传统之上。[2] 在他看来，宗教实质上是社会的集体再现。

在实证主义兴盛的同时，20世纪初的欧洲大陆，反实证主义社会学也开始崭露头角，从原有的整体观、进化观脱离，主张从个人的、主观的动机出发去认识社会，代表学者有格奥尔格·齐美尔（Georg Simmel）和韦伯。

格奥尔格·齐美尔是德国早期社会学家，关注处在现代性处境和世纪末情节下的社会学阐释。他认为既不能满足于承认只有个人是真实的，也不能因为人类的一切活动存在于社会之中便认定只有社会才是真实的。在研究个人与社会的关系时，齐美尔发现，我们所认识的单个的人只是一些单一的特性，由一系列单一的品质、命运、力量和历史因素构成，它们存在于彼此影响的关系中，只有通过不断分离简化才能找到最终的要素。社会首先是个人的复合体，其次是各种关系形式的综合，是由相互作用的无数个人的总称。[3]

齐美尔的社会学体系主要分为三级结构。第一级研究各门社会科学对象中表现出的特殊规律，这种科学由于适用于各种问题的全

[1] 埃米尔·涂尔干. 社会分工论 [M]. 渠东, 译. 北京: 生活·读书·新知三联书店, 2000: 24.
[2] 埃米尔·涂尔干. 宗教生活的基本形式 [M]. 渠东, 译. 上海: 上海人民出版社, 1999: 457.
[3] 贾春增. 外国社会学史 [M]. 北京: 中国人民大学出版社, 2000: 84-85.

部总和，因而不是一门具有自己内容的科学，是过去任何一门社会科学未经研究和把握的规律，称为一般社会学。第二级识别人们产生相互作用的基本交往形式，阐明"这些社会交往的纯粹形式、这种纯粹形式的含义、它们是在什么情况下产生又如何发展的、由于其对象的特点它们发生了哪些变化、它们同时又由于社会的哪些形式特征和物质特征而产生和消失的"❶，称为形式社会学。第三级研究社会的认识论和形而上学问题，揭示社会学研究的条件、前提和基本概念，对个别研究进行形而上学的综合❷，称为哲学社会学。此外，他的研究涵盖了对金钱和现代生活的思考，充满了独特的批判精神，如《货币哲学》里对货币功能意义和特征的研究，认为货币的表面价值下是人类最终的价值，产生于"最外在的、最现实的、最偶然的表象与此在的最具精神特性的潜能、个人生活的最深层的流动和历史之间"。❸他还对风格化的日常美学形式进行了研究，包括对一些艺术行业的产品的分析❹，如《时尚的哲学》对后期的很多风格和现代性研究提供了思路。

作为和齐美尔同时期的德国社会学家，马克思·韦伯也是一位以人类个体为研究重点的学者，他把社会学视为一门探讨社会行动的综合性学科。他在《新教伦理与资本主义精神》（*The Protestant Ethic and the Spirit of Capitalism*）一书中，强调新教伦理在资本主义发展初期所扮演的重要角色，从而对马克思历史唯物主义提出了异议。❺此外，他分析了历史学和社会学的特性，对古代社会和西方现代资本主义社会进行比较研究。

韦伯开创了理解社会学和社会行动理论，在理解社会学理论中，他把用于解释社会的模型称作"理想类型"（Ideal Type），指代一种特定目标最纯粹的理想化形式，主要分为历史事件的理想类型，确定历史实在性的抽象组成部分的理想类型，由具有独特性质

❶ Georg Simmel.Grundfragen Der Soziologie:(Individuum Und Gesellschaft)[M].De Gruyter,1917:27-29.

❷ 贾春增. 外国社会学史 [M]. 北京:中国人民大学出版社,2000:86.

❸ Georg Simmel. Philosophie des Geldes[M]. Gesamtausgabe, 1989:10.

❹ 杨善华,谢立中. 西方社会学理论(上)[M]. 北京:北京大学出版社,2005:237.

❺ 边燕杰,陈皆明,罗亚萍,等. 社会学概论 [M]. 北京:高等教育出版社,2013:9.

的行为的理性化再现组成的理想类型。❶现实社会现象只能与理想类型接近，不会与之完全相同，但通过对其分析，可以将对个别现象的研究上升到普遍的高度，从而凸显出特定社会现象最为重要的性质或特征。❷社会行动理论主张关注行动而非结构，并进行解释性的理解。行动者可以赋予行动一定的意义，而行动的意义则来源于具体的某个或多个行动者将其主观意义与行动的联结。在韦伯看来，社会行动由目的理性、价值理性、情感理性、传统理性四种因素决定。他的社会学研究成果对历史领域、社会分层、政治社会学的发展都产生了重要影响。

四、20世纪中叶

创始于欧洲的社会学于19世纪末至20世纪初传到美国，经历了本土化的发展，到20世纪中叶已经形成了具有美国特色的社会学体系，并反过来影响了欧洲及全球社会学的发展。莱斯特·沃德（Lester Frank Ward）、富兰克林·吉丁斯（Franklin Henry Giddings）等早期美国社会学家致力于解决城市社会问题，实践性成为他们区别于欧洲早期社会学家的特征。

美国社会学学科最初建立于中西部地区。1892年，芝加哥大学成为世界上第一个授予社会学博士学位的学校，并形成后来的芝加哥学派，随后社会学的研究学习从中西部逐渐蔓延至东部地区。以罗伯特·帕克（Robert Ezra Park）和乔治·赫伯特·米德（George Herbert Mead）为代表的芝加哥学派学者们推动了美国社会学体系的建立和发展。帕克与欧内斯特·伯吉斯（Ernest Burgess）合著的《社会学导论》（*Introduction to Sociology*）被誉为社会学的标准教科书，❸全面总结和普及了社会研究的现有知识。米德则是符号互

---

❶ 雷蒙·阿隆. 社会学主要思潮 [M]. 葛秉宁，译. 上海：上海译文出版社，2005：420–421.

❷ 严飞. 穿透：像社会学家一样思考 [M]. 上海：上海三联书店，2020：157.

❸ 贾春增. 外国社会学史 [M]. 北京：中国人民大学出版社，2000：206.

动论的代表，提出人类的意识和个人行为是社会的产物。

美国联邦政府从大萧条时期开始雇用社会学家做研究，给一些作战部、价格管理办公室做咨询工作。但从第二次世界大战后一直到20世纪40年代，芝加哥学派参与社会改革、收集数据的热情减退，美国社会学家们转而将注意力转移到理论建设上，取得了丰富的学术成果，与此同时，学术主流地区也出现东移，从芝加哥大学转移到哈佛大学和哥伦比亚大学。❶这一时期的代表学者有塔尔科克·帕森斯（Talcott Parsons）和罗伯特·默顿（Robert King Merton）。

帕森斯是结构功能主义的创立者，强调"系统"范畴，将社会结构和社会整体作为基本分析单位。他结合了涂尔干和韦伯的理论，致力于寻找一个可以用于分析所有类型社会现象的框架，从任一类型的社会行动中推导、演绎出一种具有普遍意义的比较完善和完美的一般行动理论，并应用于宗教、教育、种族关系等方面的讨论中。他提出社会行动关系中最小的系统单位"单位行动"（Unit Act）的概念框架，每一个单位行动都包括四种要素，即"行动者""目标或目的""所处情景"和"规范限定"，每一具体的行动对全部行动来说涉及社会秩序和一些规范限定，包括价值、信念的符号等。❷他的唯意志行动论强调人的意识的主观性和内在的规范化。虽然帕森斯的理论被抨击过于抽象，但其对社会学纯理论的推动作用仍不可忽视。

帕森斯的学生默顿也是结构功能主义流派的代表人物，注重发展社会学中间层次的理论。默顿对社会学的主要贡献是社会失范理论（Theory of Social Anomie），在《社会理论和社会结构》（*Social Theory and Social Structure*）一书中，他致力于研究社会结构如何对人产生压力，并使人产生非遵从行为。❸

❶ 戴维·波普诺. 社会学 [M]. 李强，译. 北京:中国人民大学出版社,2007:19.

❷ 曹文. 帕森斯结构功能主义理论的道德教育价值研究 [D]. 济南:山东师范大学,2015:18.

❸ 罗伯特·K.默顿. 社会理论和社会结构 [M]. 唐少杰,齐心,译. 南京:译林出版社,2015:224.

默顿认为任何社会结构都由两部分构成：一是文化目标，二是追求文化目标的手段，而手段受到制度规范的限制。他在书中如此形容："实现目标后的满意和直接通过制度化管道为达成目标而奋斗的方式满意，社会结构这两方面之间的有效平衡就会得到保持。"❶从社会学角度，反常行为可以看作目标和社会结构化途径之间的脱节，脱节的后果就是造成社会紧张关系，并最终引发社会的失范状态，衍生出越轨和犯罪行为。

纵观 19 世纪至 20 世纪的社会学历史，作为现代化社会变迁生出的果实，始于变迁，也推动变迁，并源源不断地产生新的思考。欧美经典社会学及其代表学者为社会学这一学科的理论架构和方向奠定了坚实的基础，至今在众多学科领域中仍有传承意义和借鉴的价值。于中国而言，国内当前正处于社会转型期，社会学具有完备的实践功能与意义，避免了在实践过程中的盲目性，使社会行动更加合理，❷能够帮助我们全面客观地认识社会，利用社会学的知识、理论与研究方法去认识、分析、解决社会问题。

第三节
社会学与设计

一、学科交叉与融合

社会与设计息息相关。回顾设计史，早在工艺美术运动时期，以约翰·拉斯金、威廉·莫里斯为代表的艺术家和设计理论家们已

---

❶ 罗伯特·K.默顿.社会理论和社会结构 [M].唐少杰，齐心，译.南京：译林出版社，2015：226.
❷ 王佳玮.从社会学角度对新城区社区公共空间设计研究 [D].大连：大连工业大学，2018：8.

经开始重视社会的现实问题，抱着以设计改造社会的理想，希望通过设计来建立一个更好的社会。进入21世纪后，设计已经成为带有神圣责任感和教育职能的社会行为。设计师们通过产品来表达自己对社会的理解，来宣扬自己的价值理念。设计对公众认识的影响，也是一种说服和培养。设计从业者们也确实有责任、有义务使自己成为一个有社会责任感的生活引领者。❶在学科边界不断走向渗透和融合的今天，社会学与设计学的应用范围越发广阔，学科边界不断走向融合，产生一些分支学科，越来越多的学者意识到社会与设计的相互作用。

社会于设计而言，可以看作一种客观的外部条件，提供设计的原料和技术。设计的许多材料，如高强度钢结构、铝板、玻璃幕墙、网架结构、薄壳和折板等，都依赖社会科技的进步。在这个角度，高层建筑的出现和设计无疑是科学技术、人口密度、城市象征等多种社会原因相结合的产物。技术和社会的变化也导致设计问题的易变，设计师们不断设计出新的物品以满足需要，并应对那些较早时期并不存在的情况，❷如战争带来的社会消费变化，战后英国对住宅、中小学校与住宅配套的中小型公共建筑的需求促成了以史密森夫妇（A&P.Smithson）为代表的新美学观，并导致了英国建筑设计转向"新粗野主义"（New Brutalism）。此外，从20世纪80年代开始，发达国家向服务经济转型的进程以及发展中国家的工业化进程，都通过不同程度的社会变化推动设计的进步。

社会对设计的作用还体现在对设计师和设计产品的塑造和影响上。阿诺德·豪泽尔（Hauser Arnold）在《艺术社会学》（*Sociology of the Arts*）一书中说："艺术家的社会地位是决定艺术作品形式和内容最重要的客观条件。"❸一方面，和艺术家一样，设计师的表达是社会生活的某种折射，也取决于一定历史环境下的社会状态和意识，也正如设计师勒·柯布西耶（Le Corbusier）所说："我们的思

❶ 宫浩钦. 设计社会学的视野 [J]. 作家天地, 2020: 159-160.

❷ Edward Lucie-Smith. A History of Industrial Design[M]. Oxford: Phaidon Press Limited, 1983: 234.

❸ 阿诺德·豪泽尔. 艺术社会学 [M]. 居延安, 译编. 上海: 学林出版社, 1987: 48.

想和行动不可避免地受经济法则所支配……在这更新的时代，建筑的首要任务是促进降低造价，减少房屋的组成构件。"❶另一方面，设计师于社会中受到的潜移默化的影响也会体现在被设计出来的产品上，制约着不同时代产品的形式、功能以及传播方式。

除了对设计生产者的作用，设计也是一种社会消费和审美活动，设计消费者的观念与大众对设计评判的标准也受社会的影响。如20世纪末至21世纪初，全球生态危机逐渐成为人们广泛关注的社会话题，绿色设计概念开始占据消费者的视线，环境保护的设计准则也逐渐被大众接受，消费者更愿意购买使用可循环材料、对生态环境影响最小的产品。

反观设计对社会的作用，首先在于推进了大众化、民主化进程。从社会学角度看，设计活动本身就极具社会性，它是人类接受信息、消化信息、反馈信息，遵循社会发展规律发挥主观能动性的具体表现。❷作为一种广泛性的社会活动，设计在人类的政治、经济发展、文化继承、心理需求、文明进步以及社会管理各个方面发挥着极其重要的作用。

在早期人类社会，设计便已经具备大众化的特点。私有制产生后，设计逐渐为少数阶层所有，直到工业革命后，19世纪下半叶的工艺美术运动的设计师们致力于将设计分离出来，变成服务大众的活动。20世纪初，包豪斯学院的建立进一步推动了设计人才的培养，从包豪斯学院毕业的很多学生投入工坊和公司，发挥自己的才能，设计有益于社会发展的产品。在此过程里，设计不断朝大众化、民主化的方向发展。

其次，设计具有改造、认识、交流、教育的社会功能，可以看作是技术对社会和个人产生作用的媒介。设计将技术应用于日常生活，转化为实际使用功能，也让技术得以与意义、论述、解释结合，成为指向社会实践的结构性场域。❸从设计到生产、销售、消

---

❶ 同济大学、清华大学、南京工学院、天津大学编写组. 外国近现代建筑史 [M]. 北京:中国建筑工业出版社,1982:79.

❷ 陈鹏. 从社会学角度理解设计 [J]. 现代装饰(理论),2013(8):67-68.

❸ 李敏敏. 设计研究的社会学视野与路径探讨 [J]. 当代美术家,2021(2):58-61.

费的系统是改造社会的直接体现，我们日常生活中使用的家具、服饰、包装、汽车等，经过这样的流程进入私人领域，满足我们功能性或形式上的需求，塑造着生活方式、习惯和精神状态。设计与社会接触时，将设计师对世界的认知方式传递给大众，把社会公众某些共同利益和社会概念功能物质化和造型象征化，促使人们更紧密地交流、沟通和亲近。❶一般来说，设计可以同时满足多种社会需要，承担多项社会功能，如城市规划设计，其最突出的功能是对社会的改造，同时满足了身处城市中的人们交流和认识的需求。

从根本上看，设计和社会学的核心对象是一致的。❷社会学研究在宏观角度为政府决策和社会执行提供科学的依据，有助于社会总体协调健康发展。而设计全面进入人类社会生活，并以此为核心，其本身也是现代社会物质、精神文化的重要组成，并对社会产生作用。设计的社会作用可能是积极的，也可能是消极的，这既取决于设计行为本身，也取决于设计的环境，积极的社会作用能规范社会成员的行为，引导社会成员形成健康理想的生活方式和价值观，反之也可能致使社会走向失范和堕落。设计被社会所推动，又反过来不断推动社会进程。社会与设计的相互作用和融合必然会导向社会学与设计学的融合，便诞生了设计社会学这门交叉性学科。

二、设计社会学

作为近年才出现的一门新兴学科，国内外已经有部分学者对设计社会学（Design Sociology）进行过概括、梳理或定义。设计理论家维克多·帕帕奈克被视作最早开始将设计引入社会研究的学者，他认为设计作为一种生产关系，一直在发挥着催化、指引、调整人类与社会关系的作用。虽然他本人并未提出设计社会学的明确概

---

❶ 章利国. 现代设计社会学 [M]. 长沙:湖南科学技术出版社,2005:84-85.

❷ 毛溪. 设计和社会学的跨界研究 [J]. 包装工程,2008(11):122-124.

念和定义，但他的思想为设计社会学的建立做出了铺垫。1975年，约翰·泽塞尔（John Zeisel）在《社会学和建筑设计》（*Sociology and Architectural Design*）一书中论述了设计作为在社会中产生的行为，可以给社会带来的正面影响也可能带来负面影响，对设计学的研究实际上也是对社会文化的研究，❶呼吁设计师与社会学家之间的合作。中国美术学院教授章利国将设计社会学定义为一种研究设计与社会之间的本质联系与作用，以及其在设计生产等设计现象中如何反映这种联系与作用的学问。❷武汉理工大学设计学教授杨先艺则强调了设计的社会属性，即以解决社会性需求为目标的设计，这些需求包括发达国家保护环境和资源的需求，发展中国家解决人口、温饱、发展的需要，以及各国老弱病残等特殊群体的需求等，领域涵盖生态设计、通用设计、女性设计、社会责任设计等。❸

章利国在《现代设计社会学》一书中指出，设计社会学的研究对象包括五方面。一是设计的社会文化本质、社会功能及其一般规律，即关注设计作为一种现代社会文化创造的特质、社会属性，设计的社会文化定位、价值、功能，及其反映方式如何对人们的生活方式、行为习俗产生影响。设计社会学也研究不同社会群组的设计生活和结构形式，挖掘其中的规律和发展联系。

二是设计逻辑行程的社会文化因素。设计逻辑行程的各个阶段和构成部分都具有一定的社会属性，这方面研究涉及社会整体和不同社会群组设计需求形成的条件，设计生产、储存、销售、传播、交流、沟通、推广、消费的各种社会机制及设计逻辑行程中不同阶段、构成部分社会群体对行程的影响，设计创造活动的社会动因和限制，设计在社会中的传播，消费群体接受产品的社会文化环境和主体自身条件等。

三是作为社会群体的设计师的社会作用、社会生存方式和社会职业要求。当今设计师成为热门职业，但针对设计师本身的研究仍

❶ 花万珍. 基于设计社会学的现代主义设计历史研究 [D]. 上海：上海师范大学，2022：3.
❷ 章利国. 现代设计社会学 [M]. 长沙：湖南科学技术出版社，2005：18-19.
❸ Nieusma D. Alternative design scholarship: working toward appropriate design[J]. Design issues, 2004, 20(3): 13-24.

然是缺乏的。设计社会学对设计师的研究侧重于作为一门社会职业和一门社会特殊群体的设计师的社会职能和职业特点，设计师的社会生存方式和发挥其职能作用的方式以及相应的社会条件，设计师群体的构成，社会对设计师的要求和设计师的社会职业道德等，❶这方面的研究有助于让设计师进行合理的自我定位，为社会更充分地发挥才能。

四是社会的设计管理。作为设计社会学的分支，设计管理具有一定的独立性，主要任务在于分析设计的社会动力，研究如何更好地调动、组织和协调社会动力，从而推动设计各环节的良好运行。

五是社会的设计研究和设计批评。相较于设计实践，对设计历史和发展现状的社会学分析尚未得到应有的重视，社会的设计研究和设计批评本身的界定、表现形态、特征、规范标准和作用，还有设计与社会美育的关系本身，也属于设计社会学的研究范畴。

设计社会学体现了社会性设计的核心特征，具有伦理、人文价值和生态价值的属性。从帕帕奈克提出为真实的世界设计开始，"为第三世界设计""为残疾人设计"逐渐成为第二次世界大战后新的设计话题，设计的社会伦理责任就已经被重新重视起来，呼吁人们关注有限的资源，追求可持续的社会生活，设计师应当承担这份社会责任，从人道主义出发，在满足社会性需求的同时，考虑经济、环境等各种因素，实现人文价值和生态价值的和谐统一。

在进行设计社会学的研究时，通常应遵循三个方法论原则：系统关照原则、史论结合原则和知行统一原则。❷系统关照要求参照系统论的思维方式，将社会和设计分别看作系统性的整体，设计活动本身自成系统，同时处在更大的母系统——社会范围内。史论结合要求在对历史和社会进程的正确认知基础上进行理论分析和逻辑推演，而非单纯冗杂的描述。知行统一意味着理论与实践相统一，理论从事件提取规律和共性，实践则立足于现实社会，验证、补充

❶ 章利国. 现代设计社会学 [M]. 长沙:湖南科学技术出版社,2005:20.

❷ 章利国. 现代设计社会学 [M]. 长沙:湖南科学技术出版社,2005:20-21.

或反驳这些规律。设计社会学的研究切忌过分空想，要以实际生活为出发点，找到现实问题，从中探索规律和实践步骤。设计社会学致力于将设计在社会中的地位与作用客观表述出来。如今，设计社会学需要全面分析设计从社会中受到的多重制约，将设计的理论与社会基础连接起来，在社会与历史的二维中将设计的边缘性厘清，关注能源危机、环境污染、经济全球化、人口老龄化等时代性问题。

总体而言，设计社会学一方面可以从概念和理论层面上扩展有关设计领域的文献，它涉及广泛的知识体系，洞察人造物和系统被设计开发的过程，将设计过程和产品当作处在特定社会文化和政治背景下的物质现象，提供了一种了解人类行为，并在此基础上发展面向未来观点的新方法。武汉理工大学设计学教授杨先艺在其主编的《设计社会学》一书中分别梳理了中国和西方历史上不同时期的造物情况和造物思潮。在中国古代，造物总是与一定的时代风格、审美风格同步发展，是时代特定物质条件和精神条件的结合体，如商周青铜礼器从日常生活用器演变而来，并按照奴隶主礼乐制度需要赋予神圣的含义。❶而在西方社会，从奴隶制到封建社会，再到近代资本主义时期，社会的变革和思潮的变化对造物活动及其风格产生了直接的影响，衍生了各种设计运动和风格，如19世纪下半叶的工艺美术运动，源于英国工业革命后社会整体设计水平的下降，代表了一种追求改造社会的理想主义社会行为。

另一方面，设计社会学有助于进一步发展和改进对象和系统的设计，塑造出更多设计决策。无论采用哪种方法，设计现象都应该被定位为人类和非人类的动态和偶然的联结，包括思想、实践、事物、空间、地点。当社会学介入设计，或当设计应用于社会学的考察时，其重要因素是考虑多方面的优劣及可能存在的冲突点，作为一种批判性的、识别社会不平等和边缘化的方法，它考虑不同群体的既得利益和政治，这为研究双方都提供了定位的方向。❷研究者

❶ 杨先艺. 设计社会学 [M]. 北京:中国建筑工业出版社,2014:40.
❷ Lupton Deborah. Towards Design Sociology[J]. Sociology Compass, 2018,12(1):1–11.

以新需求为导向，在社会身份、社会关系和社会制度的意义和实践中保持更广泛的知识兴趣，进行参与性的社会研究或行动研究，促进发展新技术和系统的形式，为社区、活动团体、政府机构或工业提供服务，推动设计与社会共同走向更美好的未来。

三、理论与实践

澳大利亚学者黛博拉·勒普顿（Deborah Lupton）将设计社会学的研究范畴分为三类，分别是设计的社会学研究（Sociology of Design）、通过设计进行的社会学研究（Sociology through Design）、社会学与设计研究（Sociology with Design）。设计的社会学研究主要针对设计文化和设计师理论在社会学视角的分析，通过设计进行的社会学研究是从设计方法视角对特定的社会学对象展开研究，社会学与设计研究则是设计师与社会学家合作，为本学科提供思维、方向的开拓和引导。在此基础上，又有学者对此进行了提炼和归纳，将设计社会学分为设计社会学回顾研究（Retrospective Sociology of Design）、设计社会学反思研究（Reflexive Sociology of Design）以及设计社会学行动研究（Action Sociology of Design）。❶

在理论上，基于社会学视野的设计批评是设计社会学的必要组成部分，通常建立在一定的文化语境中，以设计研究的成果为指导，描述、解释和判断设计产品和现象的实用、审美价值。设计批评的社会意义在于通过分析评论传播设计思想，总结设计活动的经验，创造了设计制造者、被制造的物、环境之间的联系，并引导消费，影响设计的发展。批评主体可以是专业的批评家，也可以是社会公众。社会的设计批评专门化与公众化两者都不可或缺，两者的结合应当被看成由社会的设计管理者和各种批评力量共同承担的社会任务，❷关系到人类未来美好生活目标的实现。

❶ 李敏敏. 设计研究的社会学视野与路径探讨 [J]. 当代美术家,2021(2):58-61.
❷ 章利国. 现代设计社会学 [M]. 长沙:湖南科学技术出版社,2005:280.

在设计社会学的理论之下，又有各种具体的社会设计的研究和实践，目前最受关注的类型有社会设计、社会创新设计、参与式设计和批判性设计。

日本设计大师笕裕介在《社会设计：用跨界思维解决问题》（*Social design: solving problems with cross-border thinking*）一书中将"社会设计"定义为"运用人类的创造力，探求社会各种复杂问题的解决方案的行为"❶，这里的"社会问题"和与之对应的"设计"概念都具有足够的开放性，既有诸如网站、手账之类的"有形"设计，也有工作坊、项目等乍看上去不像设计的设计，它们遵守的原则都是唤起社会成员的美感、同理心或创造力，从而推动解决社会问题。在社会问题的丛林里，社会学家和设计师们通过寻访、体验、倾听来了解丛林，绘制丛林地图，选好立足点，寻找同伴，并针对需求构思和铺筑道路，帮助他人。开展社会设计项目时，要把人作为原点，积累大量基础而耐心的重复性工作，并注意三方面的平衡，首先是理论与感性的平衡，其次是抽象（创意）和具体（形式）之间的平衡，最后是主观和客观的平衡。❷在案例陈述开篇，笕裕介便介绍了在阪神大地震的发生地神户市的项目，通过模拟地震体验、专家讲座、受灾人访谈的形式加深对地震灾害的理解，并在此基础上开展世界咖啡馆形式的工作坊，最终定位于志愿者标识贴的设计。从阪神大地震那年开始，志愿者的参与给受灾群众提供了很大的支持，但也给灾区留下了各种各样的课题，为了寻求解决"待机状态志愿者"协调困难的方法，项目组开展技能分享卡片的设计，使用红、蓝、黄、绿四种颜色来展示志愿者的技能，不仅提高了辨识度，也方便受灾群众把握志愿者的技能，很大程度上完善了以志愿者和受灾群众为对象的信息基础设施。

社会创新设计近年来受到更多关注，尽管它与社会设计的边界越来越模糊，研究对象也出现重合，但它与社会设计不尽相同。社会设计主要应对的是市场或政府都不去解决的问题，而受

❶ 笕裕介.社会设计:用跨界思维解决问题 [M].李凡,译.北京:中信出版集团,2019:9.
❷ 笕裕介.社会设计:用跨界思维解决问题 [M].李凡,译.北京:中信出版集团,2019:253.

问题困扰的人们却通常没有发言权，因而社会设计本质上是一种补充性的活动。❶社会创新设计界定的前提比社会设计更加精确，和人们构建社会形态和经济模式的方式相关，涉及关于产品、服务、模式的新想法，是能创造出新的社会关系或合作模式的设计，以新的联合方式，为实现社会目标、应对社会挑战而产生的新思想、新活动和新服务等。❷意大利米兰理工大学教授埃佐·曼奇尼（Ezio Manzini）在《设计，在人人设计的时代：社会创新设计导论》（*Design, When Everybody Designs: An Introduction to Design for Social Innovation*）一书中指出，社会创新设计是专业设计为了激活、维持和引导社会朝着可持续发展方向迈进所能实施的一切活动。它并不是一门新的学科，只是当代设计呈现出的多种样貌之一，它要求的不是一整套另起炉灶的技巧和方法，而是要求确立一种新的文化，一种看待世界的新的角度，以及一种审视设计对人类社会的影响和作用的新方法。❸

曼奇尼通过四个案例阐述了设计对社会变革产生的正面作用。第一个案例是伦敦 Participle 公司于 2007 年发起的"关爱圈"（Circle），从一个简单的"圈"的概念创造了一个看护者、职业社工、志愿者与老人之间的有偿服务和合作的模型，引发了英国其他城市的效仿。第二个案例是米兰理工大学 DESIS 实验室和一个社会企业共同发起的协作式住房计划，在对潜在住房需求的调查基础上，致力于创建一个合住住房推广平台，并促使居民参与到住宅共享空间的设计和管理当中。第三个案例是 Franco Basaglia 发起的民主精神病学运动，将精神病患者当作普通人看待，支持他们凭借自身的能力克服精神问题并积极实现自我，运动促使意大利通过了一项法律：开放所有精神病院，将患者、医生等人聚集在有经济收益的机构中，建立新的帮助形式。第四个案例是 Carlo Petrini 于 1989

---

❶ 埃佐·曼奇尼. 设计, 在人人设计的时代:社会创新设计导论 [M]. 钟芳,马谨,译. 北京: 电子工业出版社,2016:77.

❷ Thomas Osburg, Rene' Schmidpeter. Social Innovation[M]. London: Springer, 2013: 14.

❸ 埃佐·曼奇尼. 设计, 在人人设计的时代:社会创新设计导论 [M]. 钟芳,马谨,译. 北京: 电子工业出版社,2016:67.

年发起的慢食运动，其带领的组织倡导一种看待食物消费的新视角，开创了一个高品质产品市场，联合农民、养殖户、加工厂商共同参与生产和推广活动。

在国内，中央美术学院教授周子书开创的地瓜社区也是一个广为流传的社会创新设计的案例。周子书注意到北京市政府对大量防空地下室治理仍旧没有找到合理的方式，于是在2003年，他从这个问题出发，对北京望京防空地下室尝试进行改造工作，以"提供服务，营造平等、温暖、好玩的社区共享文化" ❶为宣传口号，建立起一个"技能交换""微型影院"等功能性空间。这一项目引起了社会舆论的关注，并于2015年被纳入北京市级社会建设专项社会组织服务项目，随后推广到全国其他地区。在这个项目中，除了设计师，政府与社会企业后期的通力合作也不可忽视。

社会创新能否通过设计发生，很大程度上取决于参与者之间的接触。除了政府机构，参与者大都是自下而上的协作式组织，如市民协会、社会服务机构、生产企业，作为富有生命力的有机体，需要一个由文化和社会结构组成的赋能生态系统（enabling ecosystem），❷并不断推动增加新行为和新事物的可行度。

在设计社会学的实践中，协作能力是极为重要的一个要素，不仅强调各行各业参与者的在场，也强调沟通的民主性。在参与式设计（Participatory Design）中，这一要素体现得最为鲜明。参与式设计被看作设计师、设计研究者、使用者和其他相关利益者针对物品、环境或者系统共同完成的涉及整个设计阶段（了解、评估、提供选择、决定、反思、改进）的迭代过程。❸现代参与式设计源于20世纪70年代至80年代斯堪的纳维亚半岛的北欧民主化运动，该运动最早是一场政治运动，从20世纪60年代开始，人们展开关于工作和民主之间关系的讨论，这成为现代用户参与设计的起

❶ 张明，周志. 现实中的理想主义实践:周子书与地瓜社区 [J]. 装饰,2018(5):46-51.
❷ 埃佐·曼奇尼. 设计,在人人设计的时代:社会创新设计导论 [M]. 钟芳,马谨,译. 北京:电子工业出版社,2016:108.
❸ Tone Bratteteig , Ina Wagner. Unpacking the Notion of Participation in Participatory Design[J/OL]. Computer Supported Cooperative Work (CSCW), 2016, 25(6): 425-475.

点，高度参与性的文化社会在西方发展起来并逐渐传向全世界。到20世纪90年代，参与式设计已经成为一种实用的设计方法，在建筑、工业设计、计算机系统、运输规划等领域内有了广泛的应用，参与人员包括生产者、使用者和致力于新技术发展应用的设计团体人员等。穆勒（Michael J.Muller）曾在关于参与式设计的论文中讨论"设计者参与到使用者的世界里，使用者直接参与设计活动"❶，即设计者和使用者位置互换，参与式设计的关键是设计师与用户共同赋予产品存在的意义。

在参与式设计中，设计师与使用者之间的共同学习是首要特征，这有利于双方在设计和工作经验上相互理解并尊重彼此。第二个特征是在参与设计的过程中鼓励使用者直接用传统的工具进行设计，亲自动手做些创造性的工作，在实际工作中进行锻炼。参与性设计使系统中的设计者实现了生产者的价值，并且最终享用这些设计。❷

常见的参与式设计有两种，第一种是消费者作为直接参与者和创造者，如美国琼斯汽水公司（Jones Soda Co.）的瓶贴设计，消费者在选择其中一种味道时，可以上传个人照片并在瓶子的背面写上一个特殊的消息，公司便会定制出一个属于消费者自己的标签，消费者将在琼斯苏打水的瓶子上看到自己的专属印记。

第二种是在保证安全、功用的前提下，为消费者提供部分完成的人工制品，在产品完成的最终阶段，让消费者通过略加指导，自己动手完成产品最后的生产环节。❸宜家（IKEA）的各式组装家具是最常见的参与式设计案例，此外，2008年法国圣埃蒂安发起的"城市生态实验室"（City Eco Lab）情景建构项目也值得一提。这个项目由约翰·萨卡拉（John Thackara）和弗朗索瓦·耶古（Francois Jegou）负责协调，开设为期两周的展览，目

---

❶ Muller M J, Kuhn S. Participatory design[J]. Communications of the ACM, 1993,36(6): 24-28.

❷ Carmel E, Whitaker R D, George J F. P D and Joint Application Design: A Transatlantic Comparison[J]. Communications of the ACM, 1993,36(6): 40-48.

❸ 张歌. 论参与式设计 [D]. 西安:西安美术学院,2014:6.

标是向公众展示发生在这座城市及周边的案例，吸引关注力，甚至由公众自发讨论可持续生活方式的话题，创造新的项目。设计师邀请了六个家庭来想象展览案例中的生活，产生了三个以一系列小故事为基础的情境：以公共服务为基础的快情境，以促进性解决方案为基础的慢情境，以协作网络和相互支持为基础的合作社情境。❶其中协作式组织从事的领域包括食物、交通、水和能源消费，拍摄地点选在居民的厨房或生活的街道，不仅极大地提高了设计的开放度和公众的参与度，也为预期的生活提供了可实现、可推广的切实方案。这些都是由各方组织和参与者共同努力合作完成的，在合作过程中，社会信任便也能潜移默化地建立起来。

除了协作能力，设计社会学的实践要求设计师们培养特殊的创造力和对话能力。对话既是和研究问题及对象之间的对话，也涵盖了和社会各种因素之间的对话和实践过程中的自己的对话。这便要提到批判性设计的概念。这个概念最早由安东尼·邓恩（Anthony Dunne）和菲奥娜·雷比（Fiona Raby）于20世纪90年代中期提出，意为"采用思辨的方式，去挑战狭隘的假设和先入之见，并思考产品在日常生活中所扮演的角色"。❷批判性设计表达的是对人类社会盲目信任、接受技术进步的担忧，与思辨设计的概念异曲同工。在《思辨一切》（*Speculative Everything: Design, Fiction, and Social Dreaming*）一书中，邓恩和雷比梳理了有关批判、批判性理论、批判性思考的概念，并指出批判性设计并非一种消极的设计观，并非反对一切事物，只对指出别人的缺陷和局限性感兴趣，这种误解是因为很多人将批判性设计与单纯的批评混淆了。使用批评的方式不意味着批评是全部的内容，优秀的批判性设计会在现存事物的存在方式之外提供替代方案，由此打开积极的、理想化的讨论空间。它的特点在于如何做到此世与另一个尚未来临的世界的共存，虚构与

❶ 埃佐·曼奇尼. 设计,在人人设计的时代:社会创新设计导论 [M]. 钟芳,马谨,译. 北京:电子工业出版社,2016:156.
❷ 安东尼·邓恩,菲奥娜·雷比. 思辨一切:设计虚构与社会梦想 [M]. 张黎,译. 南京:江苏凤凰美术出版社,2017:34.

现实世界之间辩证而对立的关系决定了批判性设计的有效性，批判性设计的实践者相信世界可以变得更好，设计物品便在思考和试图改变世界的过程中产生。

批判性设计的一个重要作用在于，它通过设计的产品去质疑其提供的情感和心理体验的有限范围，❶挑战人们对日常生活的思考。邓恩和雷比将暗设计（Black Design）作为批判性设计的一个代表性例子，暗黑作为针对天真的乌托邦主义的解毒剂，更多关注消极的积极运用而非消极本身，关注警示寓言，促使行动的发生，如德国设计师贝尔恩德·霍芬加特纳（Bernd Hopfengaertner）的"信仰体系"（Belief Systems），辅以幽默和讽刺的元素，对六种人类与技术互动的情景进行了设计。幽默和讽刺在特定的语境里给观众带去警醒和思考，摆脱原有的舒适和自满情绪，从而引发观念和认识的转变，为社会创造可能性。

此外，批判性设计不只关于设计。一方面，作为批判的设计可以做很多事情，包括提出问题、鼓励思考、作出假设、引发行动、激发辩论、提高意识、提供灵感等。另一方面，在消费社会中，现实往往通过购买这一行为才能显形。有时我们作为消费者的力量会大于作为设计师的力量，具有批判意识的消费者通常更具鉴别力，对行业和社会提出更多要求，推动社会进步，这也是批判性设计致力于促成的目标之一。

除了上述的几种实践类型，设计社会学还有很多丰富的实践形式，并且这些形式随着时代的进步不断增减和演化。如今设计社会学愈发重要的原因在于，人们期待设计站在社会学角度看待不同的问题。人们的设计行为，无论是设计师的创造行为，设计产品销售商的推销行为，还是设计消费者挑选、购买、使用的接受行为，都是设计发挥社会作用、实现社会功能的重要环节，❷以动机为决定性因素和起点，而动机由社会公众不同层次的兴趣和需求催生，因而激发公众的设计兴趣也是设计社会学关注的范畴。同时，与社会

❶ 安东尼·邓恩，菲奥娜·雷比.思辨一切:设计虚构与社会梦想 [M].张黎,译.南京:江苏凤凰美术出版社,2017:38.

❷ 章利国.现代设计社会学 [M].长沙:湖南科学技术出版社,2005:148.

生产和资源配置对接的设计有时也存在粗制滥造的消极一面,一味追求经济利益和趣味,给社会带来巨大的浪费。随着社会的经济、文化的进步发展,人们的消费概念不断更新,趋向于综合性、社会性的设计所扮演的角色愈发重要。设计社会学的发展和思考,不仅有助于提升学科本身的科学性和合理性,也推动社会美育的实现和设计的变革,不断提升人民的生活质量,不断更新人民的思想观念,使社会的发展得以良性循环。

设计社会学作为一个新兴研究领域,在保持传统社会学研究的批判性和文化重点的同时,需要并有能力结合以设计为导向的研究方法的优势和重点。社会学家和设计师们在合作过程中需要将各个学科的观点概念化地融入研究,并帮助彼此磨合。社会学家可以将工作有效地建立在设计研究者提出的现有批评和思维过程之上。到目前为止,在少数尝试过设计研究的社会学家中,大多数都接受过设计和社会学方面的培训,或使用设计师作为顾问,或在包括设计师在内的多学科研究团队工作。

物质文化研究

第三章

第一节
研究界定及历史

关于物质文化的研究在学术界由来已久，但对其概念本身的定义其实并不统一，不同的学者有不同的定义，反映出不同的学科视角。从历史溯源，美国早期历史学家普莱斯哥特在描述16世纪西班牙征服南美的历史时，初次使用了"物质文化"一词，用于描述墨西哥和秘鲁的印第安人和本土人的古老文明器皿和艺术品的造型和条纹，这个说法于1843年被引用在《牛津英语词典》里，成为物质文化最早被界定的记录。

19世纪的世界格局正在经历资本主义和殖民主义的冲击，英国、法国朝帝国迈进，在世界各地都拥有了殖民地，美国也在太平洋增大势力，帝国主义的扩张导致了殖民与被殖民的不平等关系，殖民者对第三世界被殖民地的社会、经济、文化遗产等造成了掠夺或破坏。正是从这个阶段开始，物质文化的研究首先在人种学领域发展起来。人种学是资本主义和殖民主义扩张的产物，资本主义世界体系形成过程中，西方人与不同族群文化的碰撞为人种学的产生及其种族主义的特征奠定了基础，多数西欧、北美学者对物质文化的研究都从第三世界文明出发，建立博物馆，收集文物，结合生物学分析原始部落不同人种的进化程度与优劣，为其后的考古学和人类学奠定了学术基础，并成为后两门学科的前身。从19世纪中叶至20世纪中叶，西方人对物质文化的定义始终是他们眼中的古代文化或其他文明、其他生活方式和人种的文化，含有强烈的他者性。当时的"物质"接近今天的"文物"概念，特别指非西方古老文明的文物，以及非西方当代部落生活中的非日常物品，这些物品多与祭祀活动或图腾、象征仪式相关。

由于物质文化本身在资本主义和殖民主义发展历史中的他者性，考古学和人类学也和这段历史形成了复杂而辩证的关系。20世纪以来，资本主义发展逐渐进入极右的秩序化阶段，对古代社会和非西方原始部落物质文化的研究既被用来证明西方的优越性和"现代性"的合理性，又被用来和资本主义社会的运作逻辑形成对照或批评，成为一种抵抗的文化形式。卡尔·马克思认为，从原始社会、封建社会、资本主义社会，到社会主义社会和共产主义社会，是不可逆的物质和技术进程，代表生产力的物品和工具是各个阶段的经济形态的标志，唯物史观决定了马克思主义并未把解决资本主义根本矛盾的希望和以前的工具、技术联系起来。

到20世纪下半叶，马克思主义哲学进一步发展并占领研究热门，在马克思的异化劳动以及"生产—消费"经典理论的影响下，物质文化转向文化研究的新范式，开始聚焦于对资本主义的批判，此时西方针对"他者"物质文化的研究主要和帝国的兴起密切相关，消费研究、后殖民主义研究及结构主义人类学研究兴起。克劳德·列维-斯特劳斯（Claude Levi-Strauss）代表了第二次世界大战后社会人类学的新发展，他根据索绪尔的语言学理论发展出形式主义分析方式，把结构和关系而非孤立的个体当作社会生活的根本，展示存在于功能和"物"、价值与文明之间的任意性关联，这种关联被称为"野性思维"，是对极右的秩序化和西方中心主义的挑战。从列维-斯特劳斯开始，大批物质文化的研究学者受其影响，以玛丽·道格拉斯（Mary Douglass）、马塞尔·莫斯、马林诺夫斯基等为主要代表。

第二次世界大战后到20世纪80～90年代，在后现代主义思潮的影响下，世界范围的人文科学和自然科学领域都倾向于在反思和转换自身研究范式的同时主张突破旧的学科体制，寻求跨学科、跨文化的研究。物质文化的定义在此过程中进行了更新。1982年，朱利思·大卫·普朗在《物之思：物质文化理论和方法综述》中将物质文化定义为"在特定时间的特定社区和社会，通过人工制品研究其信念、价值、观念、态度和推测的研究"[1]。1996年，伦敦大学学院《物质文化学报》的创办标志着物质文化正式成为一门专业化

❶ Jules David Prown. Mind in Matter: An Introduction to Material Culture Theory and Method[J]. Winterthur Portfolio,1982,17(1):1-19.

学科，《物质文化学报》对物质文化的定义是：关注时间和空间中的物（尤其是人工物）与社会的关系，旨在系统地考察社会身份建构和文化生产和使用的联系。

进入21世纪后，伊恩·伍德沃德（Ian Woodward）在《理解物质文化》一书中归纳了"物质文化"一词的通俗学术用法，物质文化通常指人们感知触摸、使用操作、在其中开展社会活动、运用、思考的任何物质实体或物质实体网络。❶在这里物质实体指鞋、杯、笔等物品，物质实体网络可理解为房屋、汽车、购物中心等空间。

物质文化既可用于描述研究对象，也可用于指代研究方法。从根本上说，物质文化难以被界定的原因在于作为研究对象之一的"物"本身界定的模糊性。"物质"一词英文"material"既是名词也是形容词，指"质料""实体物"，也可指"物质的""实体的""身体的""实质性的"，通常被认为与"精神""意识""理念"相对，是非人、外在于人的客观实在。在物质文化研究历史中，"物"可以是客体（object）、事物（thing或matter）、人工制品（artifact），可以是商品（commodity或goods），还可以是行动元（actant），对"物"的不同理解造就了对物质文化的不同表述，在特定语境中选择与"物"相关的术语，都需要借助周边环境予以佐证。特别是到了近二十多年，物质文化研究领域的技术转向对原有的"物"的定义形成了挑战，带给人们更多待解的困惑。从工业时代迈入后工业时代，日新月异的技术与物、人的关系变得更加紧密，也更加复杂。物的人化、人的物化相互交织，在人物界限愈发模糊的情况下，是否还有所谓的物质文化、如何界定及分析物质文化成为当下众多学者不断思考的话题。

---

❶ 伊恩·伍德沃德. 理解物质文化 [M]. 张进, 张同德, 译. 兰州: 甘肃教育出版社, 2018: 16.

第二节
研究路径

一、商品视域

物质文化研究商品维度的开辟者是马克思，他的物化理论在其阐述资本主义经济生产下异化与剥削的过程中逐渐形成，并为之后的格奥尔格·卢卡奇（György Lukács）、马克斯·霍克海默（Max Horkheimer）、西奥多·阿多诺（Theodor Wistuqrund Adorno）等商品批评家奠定了理论基础。

格奥尔格·卢卡奇在20世纪初继承了马克思的传统，他的视角转向阻止资本主义垮台的文化领域和社会生活的非经济因素，并断定文化是以意识形态的形式存在的。在分析商品时，卢卡奇聚焦于对商品化和物化过程的阐释，与马克思专注于劳动剥削在商品中的体现不同。商品化过程和物化过程是阻碍激进社会变革的文化障碍，而社会范围内的合理化进程导致社会意识形态千变万化，促使被剥削阶级接受当前的安排。

卢卡奇也把商品看作资本主义的基石，现代资本主义社会是"一个商品形式占支配地位、对所有生活形式都有决定性影响的社会"❶，只有透过商品极具迷惑性的表层看到背后的问题才能准确理解资本主义。此外，卢卡奇认为在消费商品和享用消费性服务时，如果不考虑其生产的结构条件，就会忽视资本主义下人与人之间的剥削关系，这种关系具体表现为资产阶级与无产阶级。

在卢卡奇看来，物化过程的基础正是由商品的欺骗性导致社会中的行为人在生产商品时对其中的生产关系毫无察觉，社会结构也就不会受到挑战。想要瓦解并战胜物化需要进行革命斗争，但日益

---

❶ 卢卡奇·格奥尔格. 历史与阶级意识——关于马克思主义辩证法的研究 [M]. 杜章智，等译. 北京:商务印书馆,1996:144.

凸显的身份意识阻碍了革命阶级意识的壮大，甚至人们认为，作为商品文化愉悦象征的购物的价值远大于革命。

法兰克福学派也受到马克思主义思想的影响，他们是以批判的社会理论而著称的新马克思主义弘扬者，以马克斯·霍克海默、赫伯特·马尔库塞（Herbert Marcuse）、西奥多·阿多诺、埃里克·弗罗姆（Erich Fromm）为核心成员。该学派的理论包括两方面内容：一是来自法兰克福社会研究所的著述，二是来自霍克海默的《传统理论与批判理论》（*Traditional Theory and Critical Theory*）及1982年出版的文选。

《启蒙辩证法》（*The Dialectic of Enlightenment*）一书中指出："拜物教则将其不良影响扩展到了社会生活的各个方面。凭借大生产及其文化的无穷动力，个体的常规行为方式表现为惟一自然、体面和合理的行为方式。个人只是把自己设定为一个物。"❶霍克海默和阿多诺认为启蒙之物被赋予了一种神话元素，希冀得到乌托邦式的解放，实际得到的却是支配、僵化。他们极为关注与现代社会发展密切相关的重要技术进步，如印刷术、火炮、罗盘，这些发明起初都致力于人类支配能力的提升、生产力的解放和理性的进步，实际上却成为强势的社会群体用来奴役弱势力量的资本，人们没有得到解放，反而这些物质文化要素变成了社会剥削的必要手段，变成了奴役人的技术。

在对现代事物的认知上，霍克海默和阿多诺进一步剖析了社会进步的心理——文化构成。现代性中物带来的困惑表现在，这些事物不仅在物质上而且在心理上奴役和剥削着人类，使他们成为意识形态的牺牲品。现代技术的物与技术让社会关系变得僵化保守，物质文化最终仅仅成为资本主义或启蒙意识形态的物质载体，人们已经看不到物在生活里的重要意义，而是不断膜拜新技术，又被新技术反过来支配，丢失了人与人之间的有机关系。

他们认为，文化已经沦落为一种商品，和其他商品一样遵循剥

---

❶ 马克斯·霍克海默，西奥多·阿道尔诺. 启蒙辩证法 [M]. 渠敬东，曹卫东，译. 上海：上海人民出版社，2006：22.

削逻辑进行生产。文化工厂的成熟体现了对科学和技术膜拜的理性和进步的狂欢是西方社会的病理特征,欺骗并愚弄个体,且阻碍了革命的阶级意识的发展,反而成了统治工具。霍克海默和阿多诺对此的忧虑是人类心理的退化和西方社会意义、价值观的崩溃。资本主义商品文化操纵着社会生活各个方面,这种文化模式产生的唯一可能是人类能动性的终极否定和商品化文化的胜利。弗罗姆和马尔库塞对此做出了进一步探讨。

弗罗姆和马尔库塞所处的时代,争取工人意识觉醒的斗争失败,批评界阵地转移到文化工厂产品的消费和新技术领域以及人的心理构成领域,激进人文主义的社会心理学应运而生。弗罗姆和马尔库塞的马克思主义学说被认为带有心理分析的特点,他们都关注资本主义社会对人的心理特质和个人视界产生的影响。弗罗姆在《健全的社会》(*The Sane Society*)一书中这样描述社会消费的现状:"越来越多的人有钱不是为了购买真正的珍珠,而是为了得到虚假的东西。"❶资本主义社会中日常生活模式会导致人性的病态,物质主义、占有欲、超级个人主义大行其道,人类的消费不断增高,物质积累日益丰厚,获得的确实空虚和厌烦感,对自身的心理发展造成了负面影响。他认为西方社会整体患有一种带有欺骗性的、在观念上形成了"共同确认"的组织原则的疾病,在这样的社会缺陷下,人们无法再表达真实的自我。而消遣式的消费形式可以产生暂时的幸福感、满足感和自我效能感,从而缓解这类社会病症,如看电影、阅读通俗杂志等。

弗罗姆指出消费的主要问题是人们的消费需求完全疏离了真实需要,乃至推向不正当的、与社会相分裂的使用目的,如凸显社会身份、卖弄虚饰等。对物的获取取代了真实的需求。在这里,真实的需求指吃饭、穿衣、住宿、教育等,以及不受市场压力胁迫、依据个人独立判断而进行的消费行为。在重占有的生存方式中,人们对物的获取和积累达到了病态的程度。此外,弗罗姆注意到西方消

---

❶ E. 弗洛姆. 健全的社会 [M]. 孙恺详,译. 贵阳:贵州人民出版社,1994:86.

费者与弗洛伊德所描述的肛门性格特征❶的相似点，认为消费品的累积已经成为取代身份和性欲这类令人不快之事的策略模式，最终导致人的心理发育迟缓。因此他对西方社会的病态性质下了定论。以汽车为例，弗罗姆解读了资本主义生产体系和因个人所有权相伴而来的个体心理之间的关系，认为购买和占有新车时个人的心理会产生不同影响，人们把新车当作社会地位的象征和自我符号的扩展，且一定要追求新的消费对象。

马尔库塞在《单向度的人：发达工业社会意识形态研究》（*One-Dimensional Man: Studies in the Ideology of Advanced Industrial Society*）一书中论述被剥削的工人阶级经历了被整合或被一体化到资本主义现存技术体系或现存社会秩序中的过程，探讨了被剥削工人阶级内部形成革命意识的可能性。马尔库塞把资本主义控制的新形式称为"科学至上主义"，科学和技术取代了阶级的地位，技术理性成为社会控制的新形式。在其所阐述的"单向度的社会"中，人们的思想意识、理想抱负及更广泛的社会目标都被局限在发达资本主义的框架领域内，"工业社会拥有种种把形而上的东西改变为形而下的东西、把内在的东西改变为外在的东西、把思维的冒险改变为技术的冒险的手段。"❷人们所自以为拥有的自由实际上只是市场自由，即一种由商品营销和广告宣传引导的虚假的消费自由。被创造出来的虚假需求把人与现存的社会秩序绑在一起，束缚了人们的自由，抑制了他们对幸福感、成就感和团体精神的追求。

20世纪60年代，同样采取马克思主义立场和方法论的伯明翰学派和法兰克福学派的区别在于更多站在大众而非精英视角，研究重点朝大众文化的民主抵抗发展，批判物质商品与精神文化对立。由于伯明翰学派的成员大多出身工人阶级，他们并没有将底层大众视作被动接受的愚民。学派的代表学者有雷蒙·威廉斯（Raymond Henry Williams）、斯图尔特·霍尔（Stuart Hall）、安德里亚斯·胡

---

❶ 肛门性格的消费者主要表现为：倾其毕生之力，占有、储蓄、囤积钱财（货物）。

❷ 赫伯特·马尔库塞. 单向度的人：发达工业社会意识形态研究 [M]. 刘继，译. 上海：上海译文出版社，1989：210.

伊斯（Andreas Huyssen）、大卫·莫莱（David Moley）、多萝西·赫卜森（Dorothy Hobson）等。

雷蒙·威廉斯的主要贡献是对"文化唯物主义"进行修正。他对"文化"重新进行定义，主张研究整体生活方式中各部分之间的关系和复杂的文化机制。他提出的"文化唯物主义"是一种在历史唯物主义语境强调文化与文学的物质生产之特殊性的理论，●认为在有关经济基础决定上层建筑的分析模式下，文化、艺术是物质现实的反映，产生了附带价值判断的二元概念。威廉斯认为文化不应被视为物质性的历史和社会进程的反映物，而主张文化本身就是大众日常生活方式和物质生产实践，将文化与物质总体到一起看待，考察不同阶层的文化斗争和社会权力话语的争夺、制衡。斯图尔特·霍尔也与之持相似的观点，认为大众文化是一种斗争方式。在霍尔之后，他的学生迪克·赫伯迪格（Dick Hebdige）把视线转向青年亚文化，考察亚文化群体通过物品及物品营造的生活方式建构身份的过程，认为亚文化群体通过对日常生活中的商品进行创造性地"再拥有"，赋予其抵抗的意义，从而建构风格、身份，对主流意识形态霸权形成挑战和抵抗，如朋克群体的风格。

在伯明翰学派的影响下，商品文化的大众批评于战后的十几年里逐渐壮大势力，主要模式可分为两类：一类是针对商品文化和消费社会的批评，衍生于经济学和公共政策领域的自由主义批评，以约翰·肯尼斯·加尔布雷斯（John Kenneth Galbraith）为代表，另一类则衍生于环境保护主义等新社会运动，以E.F.舒马赫（E.F.Schumacher）为代表。

加尔布雷斯依循自由经济学的研究传统，他在《富裕社会》（*The Affluent Society*）一书中指出西方经济国家反常的"依存效应"，并批判了经济学使人相信生产问题早已解决的观点。事实上，社会的财富积累与日俱增，公民财富却依旧匮乏，社会仍在不断鼓励人们表达新的却不是必要的消费需求，生产过程又能不断满

● 雷蒙德·威廉斯. 马克思主义与文学 [M]. 王尔勃,周莉,译. 郑州:河南大学出版社,2008:6.

足这些需求，以此推动欲望的无穷运转。在他看来，西方经济理论不对消费需求进行道德判断是现存的重要问题。

舒马赫和加尔布雷斯一样批判西方富裕社会是一种表面的假象，这种假象以物质进步的名义掩盖了对人类心灵和生存环境的损害。作为环境保护主义理论批评家的代表，舒马赫出版的《小的即美的》（*Small is Beautiful*）一书标志着"佛教经济学"的诞生。他批判了西方资本主义社会的利润价值观和进步观，认为这些观念处处体现在追求更好技术和更大经济效益的过程中，忽视人类的真实需求。他提出"人似乎应该才是重要的"经济原则，并主张把佛教的观点融入西方价值观，致力于使人们的工作更有意义，使人类与环境和谐共处而非主宰环境。

在加尔布雷斯、舒马赫等批评家的努力下，消费观和物质主义价值观得到了一定程度的反思，体现在市场营销中，企业道德标准的呈现方式发生转变，部分产品开始鼓励消费者购买环境友好型商品和一句道德准则生产的商品，如阿尼塔和戈登·罗迪克的"美体小铺"和菲利普·斯塔克的设计产品。

总体而言，商品视域的物质文化研究试图证明商品的剥削性质通常被隐藏在表面之下。一方面，商品的生产和消费背后可能存在一整套不平等的结构性条件，而人们本身对商品的消费行为变得拜物教化，被动地接受异化；另一方面，消费者自身的消费行为及形成的生活方式也可以成为文化抵抗的手段，这些问题都值得我们深入思考。

二、结构主义与符号学

结构主义和符号学分析方法在物质文化研究中的应用自20世纪开始，处在不断发展的历程中。无论是结构主义还是符号学，都能共同溯源至瑞士语言学家弗迪南·德·索绪尔（Ferdinand de Saussure）和查尔斯·皮尔斯（Charles Sanders Santiago Peirce）的语言学理论。作为结构主义的创始人，索绪尔开启的结构主义—后结构主义引领了20世纪西方文学理论潮流，他所提出的语言学理论及关于"能指"（signifiers）和"所指"（signified）的语言系统极大地影响了一批投身物质文化研究的学者。在研究物质文化的过程里，在一个或多个人工制品的结构中探索出对应的生产者头脑中的模式以及他们所在社会的模式，这是一种结构主义方法。符号学方法则是把物看作具有指称意义的符号，而不是物本身，物质文化是向他人传达事物的"能指"。

索绪尔的《普通语言学教程》（*Course In General Linguistics*）为语言学奠定了发展基础，构想了语言的系统性结构，并提供了语言分析模式延伸至更广泛文化研究的可能性。他重视语言的共时研究而非历时研究，认为语言必须作为一个表达概念的系统存在。他区分了"语言"（langue）和"言语"（parole），认为"语言"指支配语言使用的规则，是系统属性，"言语"指言的语音和心理表现形式，是表层属性。在索绪尔看来，语言与关系差异系统息息相关，物的意义要依据与其他物之间的差异或在其他物的对立面的基础上理解。可以说，语言是一套具有区分性特征的符号系统。在这个系统中，存在"能指"和"所指"，"能指"是声音意象或词，"所指"是概念，人们一般通过"能指"唤起对"所指"的印象。"能指"与"所指"相互依存，共同构筑文化意义。

语言学是符号学的一部分，而符号学的目标是促进对广阔社会范围里意义交流的理解，应用在物质文化研究中，便是把物放在符号系统中看待，这种视角不是单一而孤立的。受索绪尔语言学的影响，法国符号学家罗兰·巴特（Roland Barthes）在《神话修辞术》（*Mythologies*）一书中以红玫瑰为例，指出红玫瑰除了给人一种审美快感和嗅觉愉悦，还是浪漫和爱情的文化象征，婚戒、领带等物也传递着不同的象征信息。

列维－斯特劳斯是受索绪尔影响的代表学者，他奠定了结构主义理论模式的基础，将结构主义与神话、亲缘关系、意识结构的人类学研究结合。与很多物质文化研究方法相反的是，列维－斯特劳斯反对对文化进行主观阐释，他提出结构主义决定论，认为人类思维的表达是由语言规律和符号系统决定的，这些规律和系统难以被普通人士知晓。他的结构语言学被应用到人类学、社会学、心理学等各种领域，也与物质文化领域和当代商品文化联系起来。在《野性的思维》（*The Savage Mind*）一书中，列维－斯特劳斯考察了原始族群的文化秩序，不同于以往西方学者所认为的低等粗鄙，而是与西方社会的"科学"运作模式极为相似，因而不能简单地从历时性的角度判定原始到现代是从低到高的过程。将物置于系统性的文化规则和文化密码所运行的具体语境中才能显现出特定的意义，如十字架，脱离了语境只是两块拼接的木料，但在基督教国家的语境中，便具备了神圣而非凡的象征意义。

列维－斯特劳斯指出文化语境的分类机制，在阐述神话分类、仪式和秩序的本质过程中，他还借鉴了"修补匠""修补术"的概念。"神话思想的特征是，它借助一套参差不齐的元素表列来表达自己，这套元素表列则既是包罗广泛也是有限的；然而不管面对着什么任务，它都必须使用这套元素（或成分），因为它没有任何其他可供支配的东西。所以我们可以说，神话思想就是一种理智的'修补术'。"❶"修补术"思想扩展到针对人与物质之间互动方式的研究中。这里的"修补匠"是与符号打交道的人，可以使用多种工具和策略解决材料问题，创造新的结构，图腾信息在此过程中被编码。以澳大利亚土著为例，他们利用周围灌木林中的零碎物品替代车辆部件，跳出了原有人工制品的限制，物变成了可塑的、流动的、延展的。修补匠对这些手边之物的收集和组合并非临时起意，这说明物是早已存在的语言结构的衍生物，在分类系统和交换系统中具有流动可变的意义。

另一个有关图腾制度的理论在《图腾制度》（*Totemism*）中被提出。列维－斯特劳斯认为图腾崇拜没有构成与众不同的分类标准，而是人与自然物之间一般关系领域内被充分理解的一种行为仪式。图腾制度与自然或人本身的分类行为无关，而与文化和文明的逻辑秩序相关。物的最终归宿不仅仅是出于简单的技术或实用目

---

❶ 克劳德·列维－斯特劳斯. 野性的思维 [M]. 李幼蒸，译. 北京:商务印书馆,1997:21.

的，而是最终成为文化语法的一部分，物的符号角色赋予人类在文化宇宙中建构和指派意义的能力。

列维－斯特劳斯的理论是建立在非西方社会的人类学调查基础上的，对于发达的消费社会的适用性并未进行验证，对于人类学家来说，现代大众文化似乎总是缺乏"灵力"的。而罗兰·巴特则率先探索了发达消费社会中物质文化的符号意义，融合了索绪尔、列维－斯特劳斯的结构主义和批判的马克思主义理论。《神话修辞术》一书的序言写道："一方面是以所谓大众文化的语言工具作为意识形态的批评；另一方面，则是从语意学上来分析这套语言的结构。"❶巴特通过符号学分析揭示资本主义意识形态系统的"语言"，试图延续索绪尔将符号学超越狭义语言学的愿景。尽管被指无法解释商品给消费者带来的饱含情感的个人意义，对于理解物质文化是一种失之偏颇的理论模式，但他的理论依旧为阐释20世纪发达社会商品大量激增现象提供了一种全新的视角。

巴特认为当代资产阶级文化的意识形态系统是由消费对象的虚假承诺塑造的，资本主义通过宣扬神话欺骗民众，这与马克思主义的商品批评有相似之处。这里的"神话"是一种去政治化的言说方式、一种传播体系、一种附加在物质上的符号化表意模式，体现在各种日常用品和生活体验中，成为继"语言"之后第二秩序的符号学系统。巴特在著作中分析过大量文化物品，包括图像、艺术、城市场景、食品、产品等。在分析机动车时，他认为雪铁龙的新奇设计标志着工业产品从肮脏野蛮向有魅力、心灵上的物品的转变，成为舒适家庭空间的延伸，迎合了新式消费主义；在分析玩具时，他指出玩具是成人世界的缩影，将儿童客观化为独特自我，具有了意识形态的功能；在分析埃菲尔铁塔时，他认为这样一个本身并无用处的平凡之物是因其象征性意义才会具备强大的文化影响力，这也是一种神话品质的悖论。

让·鲍德里亚（Jean Baudrillard）是一位立场不断变化的学者，

❶ 罗兰·巴特. 神话——大众文化诠释 [M]. 许蔷蔷,许绮玲,译. 上海:上海人民出版社,1999:1.

理论杂糅了马克思主义、精神分析、结构主义与符号学。20世纪60~70年代初，受列维－斯特劳斯、索绪尔和巴特的影响，他早期的《物体系》（*The Syetem of Object*）、《消费社会》（*The Consumer Society*）致力于理解新兴消费社会，思考马克思主义是否能提供可行的理论框架，对物质文化消费研究分支产生了巨大的影响，后期他的研究重心转向仿真和超现实哲学，早期立场被顺从化的批判意识取代。相比之下，鲍德里亚早期的著作影响力更为显著，形成了一种对消费的系统性研究，这种研究以物而非消费者为中心。他对当代物质文化的"建筑结构"的剖析表现出结构主义的特点，研究它如何与意义、代码的总体结构融合，但某种程度上忽视了行为主体的话语和实践，这也是结构主义研究方法的通病。

鲍德里亚对索绪尔的"语言"和"言语"模式进行了加工，指出物的客观义和引申义并不是如"语言""言语"那样区分，而是在整个文化中相互融合、作用的。《物体系》一书中有这样的观点："物的体系的描述，一定要伴随着体系实践的意识形态批评。"❶他不仅仅将物纳入交际行为的一般性理论中，这一点继承了列维－斯特劳斯的传统。他主张不仅仅把消费看作个体需求的满足领域，而是重要的社会机制，是更大系统的一部分，阶级、地位等社会力量在其中角逐。物所处的文化体系是"消费社会"，这个说法源自鲍德里亚对现代资本主义社会的认知，他认为消费已经取代生产成为社会的主导力量，因此称为"消费社会"。《消费社会》一书中说："消费的真相在于它并非一种享受功能，而是一种生产功能——并且因此，它和物质生产意义并非一种个体功能，而是即时且全面的集体功能。"❷鲍德里亚的原则是把物看作消费行为中的不可约元素加以重点关注，力求在物的象征价值而不是使用或交换价值基础上加以概念化。消费建构了一套供人们交流的社会编码系统，人们通过这个编码系统进行交流。从日常生活场景中的摆设和

---

❶ 让·鲍德里亚. 物体系 [M]. 林志明，译. 上海：上海人民出版社，2001：8.

❷ 让·鲍德里亚. 消费社会 [M]. 刘成富，全志钢，译. 南京：南京大学出版社，2001：68.

气氛营造物到文物、藏品，再到小发明和机器人，鲍德里亚对物的考察过程是从"物—功能"到"物—符号"的转变。商品被赋予的符号价值空前膨胀，而作为"物"的功能性、实用性正在弱化。消费物的过程就是参与文化符号体系建构的过程，消费者的个人选择看似是一种自由，但从社会、文化的视角看，这依旧是意识形态影响下的产物。这个观点与法兰克福学派的理念有相似之处。

在《符号政治经济学批判》(*Critique of the Political Economy of the Sign*)中，鲍德里亚阐述了当代符号价值逻辑的演变，提出了一个四阶段的历史模型❶，分别是效用逻辑（又称"功能性逻辑"，即物具有满足功能性需求的能力）、市场逻辑（又称"交换价值"，即物具有衡量价值的能力）、礼物逻辑（又称"象征性交换价值"，即物相对于主体的价值）、地位逻辑（又称"符号价值"，即相对于其他物比较出来的地位价值，但会随着文化实践而发生变化甚至反转）。

物质文化中结构主义研究方法的基本原则是任何物都在和他物形成的符号关系中获得意义，这种意义具有关系性和情景化的特点。结构主义认为应注重研究物质文化的语言（深层生成结构）而非言语（表层结构）。但同时结构主义也存在缺陷，经常忽略施为者及其面对的社会压力和主观能动性，且在当下的复杂时代，在符号和所指之间建立直接明确的关系日益成为一件困难的事情。

20世纪60年代末至20世纪70年代，结构主义向后结构主义过渡，其重要理论"本文主义"为物质文化的研究提供了既继承又批判的新视角。在传统文学观念中，"文本"相对于"作品"更具有物质含义，是作品的未完成状态，"作品"则是完整的、与作者更紧密相连的。结构主义学者们建立的都是一种"科学的"人文科学研究体系，体系中的研究对象必然是客观、稳定、完整的。而从结构主义向后结构主义过渡的阶段，"文本"一词逐渐开始替代"作品"一词，文本成为消除创作主体权威的科学研究对象。

罗兰·巴特便是过渡期的代表学者。他的研究重点在20世纪70年代从原先的大众文化符号分析转向文学领域，在《从作品到

❶ 让·鲍德里亚.符号政治经济学批判 [M].夏莹，译.南京:南京大学出版社,2008:47.

文本》（*From Work to Text*）中主张传统的文学研究应该向跨学科研究转型，并指出这种转型需要"文本"作为新的客体。他在《风格与意象》（*Style and Imagery*）中的观点与朱丽娅·克里斯蒂娃（Julia Kristeva）提出的"互文性"不谋而合："文本是由各种引证组成的编织物，它们来自文化的无数个源点。"❶

雅克·德里达（Jacques Derrida）和罗兰·巴特一样注重意义的差异性生成，和巴特不同的是，德里达的理论并不是从结构主义而是从胡塞尔的现象学发展而来，试图解构并突破逻各斯中心主义。"逻各斯"出自古希腊语 λόγος（logos）的音译，指内在规律与本质或外在对规律与本质的言语表达。在德里达看来，"逻各斯中心主义"是以现实为中心的本体论和以口头语言为中心的语言学的结合体。在德里达看来，符号的意义源自差异，而差异不是凭空出现的，也不是处在永远封闭的静态语言系统中的，差异的产物"延异"被他引入来解构"能指""所指"以及"在场""缺席"等逻各斯中心主义模式，不存在所指，而是不断的过程，因此文本意义的不确定性必然导致作品深层结构的解构。

另一位具有重要影响力的理论家是米歇尔·福柯（Michel Foucault），他的早期著作《古典时代疯狂史》（*Folie et deruison: Histoire de la folieal' age classique*）、《临床医学的诞生》（*The Birth of the Clinic*）和《规训与惩罚》（*Discipline and Punish*）分别从疯癫、临床医学、监禁惩罚三个方面进行知识考古学的研究和阐述，展示了事物与话语秩序的共谋关系。在疯癫史中，权力掺入各种事物，从禁闭所到精神病院，从地牢到酷刑，无一不陷入斗争的对话。在西方医学知识型转换的过程中，人、病症、医生、目视构成了一个医学权力—话语的关系网络，身体作为话语的发生空间和权力目视的对象物处于关系网络的核心。犯罪惩罚空间从断头台向现代监狱转变，强化了权力与物质空间的结合和规训机制的发挥。可以说，福柯的知识考古学为物质文化研究提供了一种权力—话语

---

❶ Roland Barthes. The Death of the Author[A]. Image Music Text[C]. London: Fontana Press, 1977: 146.

机制的思路。

总体而言，结构主义和符号学将物质视作符号，挖掘其深层结构和普遍意义，后结构主义促使物质文化研究的焦点从"物的意义是什么"转向"物的意义如何在不同的语境不断生产"，重视社会形态和社会变革中的各种遗迹和不同变量如身体、空间、物，以情境化的、基础性的方式体现。符号从静态走向动态的同时，文本被置于高位形成的"文本主义"和去本质主义也开始遭受质疑。

三、物之生命与转变的文化人类学

物质文化研究的第三条路径是文化路径，与结构主义和符号学既有相似也有差异。继承这条研究路径的社会学家和人类学家并不强调关注传统符号编码系统中物的关联性，而是秉持物的文化意义观点，认为物承担着某种文化工作，从而展现社会差异、认同感、地位等问题。重要学者有埃米尔·涂尔干、马塞尔·莫斯、阿尔君·阿帕杜莱（Arjun Appadurai）、伊戈尔·科比托夫（Igor Kopytoff）、布鲁诺·拉图尔（Bruno Latour）等。

作为最早的研究阵地，人类学与物质文化始终维持着紧密的联系。人类学将物自成一格的特性与社会文化特性结合，探讨物性如何塑造社会结构及特定文化。早期的一批人类学家和社会学家通过研究物达到"对人的研究"的目的，蕴含着鲜明的主客对立思想，涂尔干和莫斯是其中的代表。

涂尔干早期主张社会学的客观性，社会学必须彻底地从哲学中脱离出来，以研究事物而非一般性原理为主，把社会现象当作外在于个体的物来考察。他的《社会分工论》（*The Division of Labor in Society*）和《宗教生活的基本形式》（*The Elementary Forms of Religious Life*）对物质文化研究产生了重要影响。他认为被研究的社会事实并不是某一种实体的"物"，因为社会事实最深层的东西是一种"集体意识"，正如他在《社会分工论》中所说："集体生活并非产生于个人生活，相反，个人生活是从集体生活里

产生出来的。"❶

对于宗教，涂尔干的观点也基于这一认知，指出由神话、教义、仪式和仪典等若干部分组成的宗教是集体意识最重要的组成因素，由普通食物转变成集体崇拜的"圣物"才抽象出"神"的概念，对宗教的圣物及其他事物的认识、分类都是集体意识的表征。他在《宗教生活的基本形式》中说："社会生活在其所有方面，在其历史的各个时期，都只有借助庞大的符号体系才会成为可能。"❷宗教是社会性的，是人们在社会中进行分门别类界定范畴的基础。涂尔干在考察不同氏族的社会生活过程中，将事物分为"世俗之物"和"神圣之物"两类，指出"圣物"的神圣性是被集体意识赋予、投射的，如"图腾"，就是一种典型的集体意识的物质性表征，维系不稳固的集体情感，强化了集体意识，激发和规范人的行为，形成宗教信仰。从图腾转向仪式，是涂尔干在《宗教生活的基本形式》后半部分的重点，通过考察原始宗教探究社会的建构。事物的分类不仅体现在技术成果上，更具有道德力量，通过道德品质确立文化权威。通过集体表征和分类的象征意义得以实现的宗教情感实际上是精神生活的最高形式，是社会存续下去的必要条件，分类的重要性因此得到强调。

涂尔干的侄子莫斯早期也以研究原始宗教和祭祀为主，第一次世界大战后，他的研究重点转向礼物与交换，开辟了物质文化"礼物研究"的路径。延续了和涂尔干相同的立场，莫斯对礼物的考察也建立在社会性、总体性的基础上，即礼物交换是社会性的，社会现象"既是法律的、经济的、宗教的，同时也是美学的、形态学的"❸。

从安达曼群岛、美拉尼西亚、波利尼西亚、西北美洲的印第安社会，以及古代中国的民族志资料中，莫斯通过不同部落、群体的

❶ 埃米尔·涂尔干. 社会分工论 [M]. 渠东，译. 北京：生活·读书·新知三联书店，2000：236.

❷ 埃米尔·涂尔干. 宗教生活的基本形式 [M]. 渠东，汲喆，译. 北京：商务印书馆，2011：315.

❸ 马塞尔·莫斯. 礼物：古式社会中交换的形式与理由 [M]. 汲喆，译. 上海：上海人民出版社，2002：204.

礼物交换习俗探究一种共性结构：赠礼与回礼。在《礼物》（*The Gift*）一书中，莫斯将其描述为"一种既关涉物，也关涉人的精神方面的持续交换"❶。物被视为具有"灵力"的联结物，这种"灵力"使物具有个体性和动态性。个体性指和其所用者具有共同的个性，被赠予礼物的人在接受礼物的同时接受了赠予者借物延伸的个性，接受"物之灵"。动态性则是"物之力"，当物进入礼物的交换关系，不言自明的义务就被建立起来，被赠予礼物的人必须回礼，赠礼与回礼的关系来回重复，完成闭环，人与人、人与物的关系网也在这个过程中变得越来越紧密。

在莫斯的民族志研究中，许多部落也对物进行了二元结构的分类，分为日常消费或分配的物品，以及有特殊意义和效用的宝物。在交换体系中，具有"灵力"的宝物超越了客体的界限，成为一种人格化的物，物与人相互融合，相互纠缠，共同建构了社会关系。因而莫斯也反对现代法律、经济的物权层面将物理解为人的占有物的观点。

涂尔干和莫斯都秉持物是社会文化结构的产物，重视分类及其形成的象征系统并将其看作物的文化生命运作的基础，从二人合著的《原始社会》（*Primitive Society*）一书中也能看出。他们开启了"物—符号""物观念"的物质文化研究，为之后的索绪尔、列维-斯特劳斯等结构主义和符号学研究者铺垫了先验之路。此外，他们针对事物的分类系统的观点在现代消费社会的检验，也在之后诸如社会学家布尔迪厄、阿帕杜莱等人的研究中可见。

关于物的文化生命探究到20世纪80年代左右，在文化人类学家伊戈尔·科比托夫和阿尔君·阿帕杜莱及社会学家布鲁诺·拉图尔这里分别得到了不同程度的发展，他们以"物具有社会生命"这一共识作为研究前提。总体上，这个阶段物的文化生命研究大都采取了一种追踪物的"行动轨迹"的方法。

伊戈尔·科比托夫提出用"文化传记"的方式探究物的社会生

❶ 马塞尔·莫斯. 礼物:古式社会中交换的形式与理由 [M]. 汲喆,译. 上海:上海人民出版社,2002:23.

命,《物的文化传记》(*A Cultural Biography of Things*)是其较早的通过改变物的身份来改变物质文化意义的作品。他认为不应只从商品的使用价值和交换价值来界定,而要专注于商品的文化过程和认知过程。在这些过程里,物的范畴和关联意义不断经历转变,物的身份地位也随之变化,他的研究灵感源于奴隶制下人的商品化过程,奴隶的社会身份通过被交易、奴役的过程显现,被交易时是商品,交易后进入新的环境,经历再社会化,也随时可能再商品化,因而科比托夫主张将商品化看作动态化的转变过程。此外,他还强调从文化和个体两个角度考察商品的特质化。

在当代商业化和货币化的社会中,科比托夫突破了原来西方现代文化主导的人与物观念,也突破了马克思主义的商品视域,进入物的商品化过程。他说:"在文化的视野中,商品的生产也是文化的和认知的过程:商品一定既作为物质上被生产的物,也是文化上被标记的某种物。"❶从物的商品化到去商品化,再到再商品化,科比托夫重点关注这样的过程,并将其拓展为"传记"概念。"传记"并非一种文体研究,而是一种比喻,"传记"一词的英文Biography意指"记录某个人的经历的文体",前缀"Bio"代表"有生命的",这印证了科普托夫的研究立场:物和人一样拥有社会生命。物的"文化传记"就是阐述物在文化中不断被标记、转换身份、呈现不同生命状态的过程。具体而言,内容可以是物从何处来、由谁创造、创造目的、购买和使用对象、是否有再次交易的可能等问题。这种"文化传记"的方法影响了一批物质文化的研究者,其后亚当·德拉津(Adam Drazin)和苏珊·库赫勒(Susanne Küchler)的《物质的社会生命:物质与社会研究》(*The Social Life of Matter: A Study of Matter and Society*)便是在物的传记的基础上,从资料库和生态系统出发,以更广泛的视野来分析物的传记背后的转变因素及其影响。

阿尔君·阿帕杜莱也对传统的人与物二元对立的观念进行了反

---

❶ Igor Kopytoff. The cultural biography of things: commoditization as process[A]. Arjun Appadurai ed. The social life of things: commodities in cultural perspective[C]. Cambridge: Cambridge University Press, 1986: 64.

思，提出"商品具有社会生命"。他编著的《物的社会生命》(*The Social Life of Things*) 融合了人类学和马克思主义的视角，为文化人类学的物质文化研究路径奠定了基础。对于科比托夫关于商品化和特质化的讨论，阿帕杜莱并不完全赞同，并在其基础上借鉴"路径"(path) 和"偏移"(diversion) ❶ 概念来阐述商品流通过程。"路径"指物既定的、稳定的、受文化规约的用途和生命轨迹，"偏移"指原本文化轨迹在行动过程中被中断和修改，并产生了新的路径。商品从生产到消费原本是一条既定路线，而偏移则会引发消费领域的变化，从而逐渐改变商品长期的流通模式，如成为展览品、收藏品的商品。以餐具为例，原本用于进食的盘子变成家里的装饰摆件，进而变成长期的需求，消费模式改变，新的路径便会于再生产时生成。这一方面证明消费是主动而非被动的，是社会性而非个体性的，正如阿帕杜莱所说："消费既发送社会信息，也接受社会信息。"❷ 消费在一定程度的社会性限制条件下对社会经济形成反作用。另一方面，阿帕杜莱认为政治连接了商品在社会生命中的价值与交换，而关于物的政治正是从"路径"和"偏移"之间的张力产生。他从这个观点出发重新考察商品的收藏、特殊物的本真性、广告等话题，形成了一系列"价值的政治"的讨论。

在阿帕杜莱的观点里，物既是社会力量的汇聚点，也是文化的"行动者"。同样研究"行动者"概念的还有法国社会学家布鲁诺·拉图尔。他的独特立场是既反对事物先于人，也反对人先于事物的立场，而主张建立新标准，这个新标准就是他与米歇尔·卡龙 (Michel Callon) 建立的"行动者网络理论"(Actor-Network Theory)。拉图尔对"行动者"的定义不是行动的源头，而是"活

---

❶ 源自南希·穆恩(Nancy Munn)分析噶瓦(Gawan)人的库拉(kula)系统的文章。具体参见 Nancy D. Munn. Gawan kula: spatiotemporal control and the symbolism of influence [A]. E. Leach and J. Leach, eds. The Kula: new perspectives on massim exchange[C]. Cambridge: Cambridge University Press,1983: 277-308.

❷ Arjun Appadurai. Introduction: commodities and the politics of value [A].Arjun Appadurai ed. The social life of things: commodities in cultural perspective [C]. Cambridge: Cambridge University Press, 1986: 31.

动着的目标，聚集了大批的存在涌向它"❶，作为对抗主客体二元模式的概念。而"网络"则将行动者们纳入一种动态关系的环境中，突破了自然与社会的二元结构。每一个在网络中的行动者作为"转义者"（mediator）互相联结，形成动态之网。行动不再只是人的专利，建构性不再只是社会的专权，主客体的界限被模糊。

行动者网络理论一种追踪事物及其关系的方法，拉图尔借助这种方法在《法国的巴氏灭菌法》（*Pasteurization in France*）中追踪了"巴氏灭菌法"的发明过程。"巴氏杀菌法"的行动者不仅仅是路易斯·巴斯德（Louis Pasteur）一人，而是包括其他科学家、医生、结核病、黄热病、瘟疫、实验室、微生物、生病的牲畜等在内，这些行动者共同组成了特定的关系网络。

在对待现代性的态度上，拉图尔与其他后现代主义学者不同，在《我们从未现代过》（*We Have Never Been Modern*）一书中，拉图尔将现代化进程称为"推土机操作"❷，现代化是一个不断分界的过程，是不断做排除法和提纯的过程，也是不断对立的过程，而后现代主义既分享现代制度又试图将之抛弃和摧毁的矛盾性注定了它无法解决问题。在他看来，现代性的悖论在于其试图向人们警示并强调联系不存在，但联系在实践中始终存在，人们实际上一直生活在"非现代"的世界。

20世纪试图突破现代性二元对立的两个转向，一是符号学，二是存在论。拉图尔认为符号学强调"话语"体系的独立和主体的死亡，无法将自然和社会联结起来。海德格尔借汇聚神性的壶阐述的存在论则无法运用到当代日常生活、科学技术、经济政治等领域的物，且在区分存在物（thing）与对象物（object）时，将现代工业、科学技术与日常生活的物排除在"存在"之外。符号学和存在论都无法从根本上脱离现代性。

拉图尔认为现代性的四个重要资源是自然、社会、文本（符

---

❶ Bruno Latour. Reassembling the Social: An Introduction to Actor-Network-Theory[M]. New York: Oxford University Press, 2005: 46.

❷ Bruno Latour. We Have Never Been Modern [M]. Cambridge: Harvard University Press, 1993: 130.

号）、存在，只有联合四种资源并完成行动者网络的重组，才能脱离现代性，建立一种"非现代制度"，其中由杂合体组成的"物的议会"确保了"物的民主"。

总体而言，专注于物的文化生命研究的社会学家和人类学家为物质文化研究提供了丰富的资料，没有把物排除在社会和文化构成因素之外，对现代主义认为物通过合理性、剥削性和技术决定论而奴役人的假设进行补救，对后现代主义认为消费品缺乏象征意义、只体现出利己主义的假设进行修正。但与此同时，文化路径也因批判力的缺乏遭受诟病，很多人认为它过度重视文化的运作，忽视了社会经济结构和不平等问题。

四、现象学视域

现象学学派在20世纪极具影响力，为物质文化研究开辟了与马克思主义、文化研究截然不同的路径。创始学者埃德蒙·胡塞尔（Edmund Gustav Albrecht Husserl）的著名口号"面向事物本身"批判了传统哲学将现象与本质分离的弊病，强调了现象学的核心主张，呼吁回归到物，重新考察人与物的多维互动关系，并将研究目光引向"存在""物性""具身性"等问题。胡塞尔排斥先入为主的"自然态度"，搁置被"自然态度"规定的事物，让事物真实直观地显现，在搁置加括号后，剩余的就是被称为"先验意识"的绝对存在，而"先验意识"的本质特性称为"意向性"。任何物的"存在"都基于它被意向性地指认为"某物"，物的本质显现只能存在于先验主体的直观中。由"意向性"衍生的重要概念是"视域"（horizon），视域存在一定的局限性，意向对象因此边缘模糊，破解"视域"局限的方法便是"意向性"，不断切换角度。胡塞尔后期将现象学引至"生活世界"理论，表达出对现代科学实证主义蔓延导致人性危机的担忧。"生活世界"指不同视域中显现的直观的世界。

马丁·海德格尔（Martin Heidegger）在胡塞尔对"存在"研

究的基础上转向"存在—物",进一步拉近了与物质文化领域的距离。与胡塞尔不同的是,海德格尔认为人与物之存在都无法摆脱文化传统和社会关系,物之存在的基本状况是与周遭环境和其他事物之间的多元复杂关系。他在《存在与时间》(Being and Time)一书中进行"物性"分析时,以锤子为例,阐述了使用时的"上手"和不使用时的"在手"状态,将胡塞尔"面向事物本身"的方式从意向性转向日常性的存在论。

海德格尔后期的研究以"物之物性"为主,从"上手物"和"在手物"转向物性"聚集"的本质。他以壶为例,将壶视为眼睛看到的表象,或者视为一个器皿都无法达到"壶之为物",壶作为物的"实体"方面是质料性的泥土和用具性的器皿,除此之外还有"无"的一面,用来容纳和保持美酒饮品、天地馈赠。在此,物性的"实体"概念拓展到物性的"存在",看似"无"却也是"物",即"存在者在而无反倒不在"。壶倾注着美酒、馈赠之时也栖留了"大地、天空、诸神和终有一死者"❶,这四方聚集于一体,此乃壶之物性。因此天、地、神、人的四方聚集便是海德格尔所认为的"物之物性",也称作"物化"。海德格尔的思想意在拉近主客体间割裂的距离,也表现出对"物"的怀旧和对现代技术物的消极态度,这种态度后来被唐·伊德(Don Ihde)批为"浪漫的怀旧主义"❷。

另一位受胡塞尔启发另辟蹊径的思想家莫里斯·梅洛-庞蒂(Maurice Merleau-Ponty)则挖掘出身体维度的现象学研究。他早期的研究目标是"理解意识与有机的、心理的甚至社会的自然的关系。我们在此把自然理解为彼此外在并且通过因果关系联接起来的众多事件"❸,在他看来,现象学研究的人与人、人与世界等关系不是优先与意识相关联,而是与身体相关联。他在《知觉现象学》(Phenomenology of Perception)中阐述了对身体的观点:"身体是

---

❶ 马丁·海德格尔. 演讲与论文集 [M]. 孙周兴, 译. 北京: 生活·读书·新知三联书店, 2005: 180-181.

❷ Don Ihde. Postphenomenology: Essays in the Postmodern Context[M]. Evanston: Northwestern University Press, 1993: 111.

❸ 莫里斯·梅洛-庞蒂. 行为的结构 [M]. 杨大春, 张尧均, 译. 北京: 商务印书馆, 2005: 15.

所有物体的共通结构，至少对被感知的世界而言，我的身体是我的'理解力'的一般工具。身体不仅把一种意义给予自然物体，而且也给予文化物体。"❶这意味着他从胡塞尔的"先验意识"观转向一种"身体"观，把身体当成处在时空情境中的感知主体。"具身"（embodiment）概念由此生发。梅洛－庞蒂认为人的意识、知觉、行为等身体的一切经验都与物相关，与世界紧密相连。物已经不是主体所认识的客体，而成了身体感知和体验的情境。

梅洛－庞蒂后期的身体理论转向"肉身"概念。这里的"肉身"不是对象，不是个体的身体，而是世界的"肉身"，是具有某种源初的存在意义的维度。梅洛-庞蒂对"肉身"的定义是"存在的'元素'"❷，其"存在的事实方式只不过是对世界的一种局部的和次要的表达"❸。世界是身体的"交织"，人通过世界的肉身理解自己的身体及存在，这便是"可逆性"。梅洛－庞蒂探讨了身体间及身体与世界的"可逆性"关系，以此促进对人类存在的理解。

五、技术与后现象学

随着现代社会科技的不断发展，关于技术哲学的讨论也与日俱增，技术与人、技术与物质及物质文化的关系越来越多地成为研究者讨论的话题。研究技术理论的重要代表学者主要有唐·伊德、唐娜·哈拉维（Donna J.Haraway）、贝尔纳·斯蒂格勒（Bernard Stiegler）等。

美国科技哲学家唐·伊德把自己的研究定义为后现象学。他在延续现象学对身体的关注的同时，认为现象学所讲的"经验"不该被理解为通常意义的主观经验，应从知觉、行为、情境的综合角度

❶ 莫里斯·梅洛-庞蒂.知觉现象学[M].姜志辉,译.北京:商务印书馆,2001:300.

❷ Maurice Merleau-Ponty. The Visible and the Invisible[M].Evanston：Northwestern University Press, 1968: 139.

❸ 莫里斯·梅洛-庞蒂.可见的与不可见的[M].罗国祥,译.北京:商务印书馆, 2008:319.

理解。伊德将技术引入身体理论，在《技术中的身体》(*Bodies in Technology*) 一书中阐述了三种身体维度：质料性存在的，同时行动的、感知的、体验的身体；文化意义的身体；身体维度即技术的、具身性的身体。这是在梅洛-庞蒂"具身性"理论基础上的延伸。伊德认为具身性的身体"包裹"(envelop) 了前两种身体，形成了一种"综合的，通融的"❶身体维度。从古至今，人类生存的各个方面都与技术息息相关，技术是人工开发的物，而身体是知觉、经验、质料、行为、文化的混合体，技术与人类身体的关系必然是具身性的，从身体出发考察技术现象学是对现象学"主观性"标签的回应。

在研究技术与人的关系时，伊德将这些关系概括为具身关系 (embodiment relations)、诠释学关系 (hermeneutic relations)、它异关系 (alterity relations) 和背景关系 (background relations)。在具身关系中，人将技术融入自身的经验中，技术便会呈现"透明性"，几乎不被注意。此时人与世界间是"(人—人工物—) 世界"的关系，人的身体得以扩展或转化，与世界发生多态的日常实践关系，如日常生活中使用的眼睛、助听器等。在诠释学关系中，技术被视作可读的文本，人借助技术阅读和解释各种现象和行为，如借助温度计解释环境的温度，这种关系是"人—(技术—世界)"的关系。它异关系可概括为"人—技术 (—世界)"的关系，技术作为他者与人产生联系，技术的自动化和智能化使其成为有机体，强于单纯的对象性，但实质上仍是非人、非动物的，这种它者性实际上是"准它者性"❷ (quasi-otherness)。背景关系指技术于生活的"不在场"，以交通管理系统、住房、汽车等为例，这些技术通常参与构建环境，成为环境的一部分，潜移默化地影响人们的生活。

除了技术与人的关系，伊德还关注技术的嵌入性。在他看来，技术与文化呈双向互动模式，互相嵌入。技术是物质文化的一个方面，通过影响生活方式构建了物质文化，也推动了物质文化的多元

---

❶ Don Ihde. Bodies in Technology[M]. London: University of Minnesota Press, 2002:18.

❷ 唐·伊德. 技术与生活世界 [M]. 韩连庆，译. 北京：北京大学出版社，2012:100.

交流，在特定条件下甚至会催生技术殖民主义和技术控制。

　　唐娜·哈拉维对技术与人的关系研究则是从女性主义视角出发，探讨技术物对人的改造。1985年，哈拉维发表《赛博格宣言》（*A Cyborg Manifesto*），针对20世纪下半叶科技发展和计算机技术的现状提出了"赛博格"（cyborg）理论，该文后来被收入《类人猿、赛博格和女人——自然的重塑》一书。"赛博格"是一种人机结合的产物，既是虚构的文学作品中的形象，也存在于当今现实世界。哈拉维给"赛博格"的定义是："一种控制生物体，一种机器和生物体的混合体，是社会现实的产物，同时也是虚构的创造物。"❶ 这个杂合体概念体现出哈拉维对传统主客体二分法的反对立场，将性别、阶级、种族都做了模糊化处理。哈拉维对信息技术和生物技术的关注对女性主义的影响在于，她借助"赛博格"理论鼓励女性运用技术拓展生存与抵抗的空间，利用生物技术摆脱女性身体的生殖与哺育重任，并在依托信息技术的互联网空间中进行表达、创造，与其他信息元更广泛地联结在一起，改变长久以来受压迫的地位。

　　哈拉维的思想从建构主义的女性主义向物质的女性主义发展，主要体现在身体的物质性、世界的物质性和技术对身体与世界的改造。但她并不止步于女性主义，而意在阐述更广泛领域里人与物的平等互生，进一步模糊人与物的边界。在哈拉维看来，技术世界中物的常态是动态转换、重组再生。尼龙、超铀元素、转基因番茄在《谦卑的见证者》（*Modest Witness*）里作为技术合成物的案例被阐述，原有的物质结构被技术改变后，传统的"自然"便被突破了，产生的新物质击碎了原本稳固的自然秩序。

　　哈拉维对技术总体持积极的推崇态度，而另一位研究技术的法国哲学家贝尔纳·斯蒂格勒则试图在积极和消极之间寻求平衡。他受现象学派的海德格尔和法国技术进化论传统思想的影响，研究并阐释了技术的"药性"及其与人的关系。他引入普罗米修斯

---

❶ Donna J. Haraway. Simians, Cyborgs, and Women: The Reinvention of Nature [M]. New York: Routledge, 1991: 149.

与爱比米修斯的神话，爱比米修斯的过失即人的缺陷性，普罗米修斯带来的火种则帮助人弥补缺陷，火种即技术。因此，技术具有代具性。技术非人却因人而生，人与技术的关系是模糊的，既互相联系又充满差异。斯蒂格勒延续了法国技术进化论学者勒鲁瓦－古兰的观点：人在发明工具的同时在技术中自我发明。正如他在《技术与时间》（Technics and Time）一书里所写的："技术发明人，人也发明技术，二者互为主体和客体。"[1]技术物造就人，人存在于自身之外。

斯蒂格勒认为技术开启了不确定性，当下信息技术的飞速发展推动数码化成为全球性的进程，引发一系列新的议题。数码自动化强大的控制力逐渐形成了一个封闭的熵系统，需要"逆熵"（negentropy）的实践才能给人类的未来增添可能性。斯蒂格勒用"药"（pharmakon）的特性来解释数码技术："药，是人工制品，是人变成人的条件；人成为人，是人工器官和组织的源发于器官的过程，但这一人通过人工制品或药来变成人的过程，总是既生产出熵，也生产出逆熵，因而它总是对人变成为人的过程的威胁。"利用技术的"药性"理念便是主张利用技术的实践，克服、逆转其施加于人的控制力。

六、消费研究

物质文化研究探讨物与人的关系及其在日常生活中的境遇，消费研究是其中必不可少的维度。尽管有鲍德里亚、费瑟斯通等人在前，真正完成当代西方以物的社会意义为核心的新的消费范式任务的人是法国社会学家皮埃尔·布尔迪厄（Pierre Bourdieu）。布尔迪厄既不像符号学家那样把消费文化看作是与社会无涉的、独立自主的符号体系，也不像马克思主义把消费文化看作既定的社会现实和社会秩序的消极和直接的反映。他用于联结主观存在与社会结构、

[1] 斯蒂格勒. 技术与时间: 爱比米修斯的过失 [M]. 裴程, 译. 南京: 译林出版社, 1999: 162.

联结符号体系与社会空间的重要桥梁，是具体的社会实践。❶他提出了关于"文化资本"（cultural capital）"惯习"（habits）"趣味"（taste）"区隔"（distinction）等概念的重要理论。

"文化资本"是对马克思主义"资本"概念的拓展。马克思主义认为"资本"不仅是一般的货币与商品，还是对生产资料和劳动力及整个生产过程的控制。布尔迪厄把这种权力关系从经济领域延伸到社会和文化符号领域，指出资本可以表现为经济资本与文化资本等形态，其中文化资本作为向社会权力转化的能力，具有独特的、独立于金钱之外的价值结构。他指出人的品位不能单靠收入评判。

"惯习"是社会实践过程里客观的社会结构和社会惯例逐渐内化的动态产物，作为文化和日常生活实践的有机统一，与消费者的家庭、群体、等级和身体经营相关，受不同社会群体的策略互动影响，对人们消费的鉴赏趣味起到了决定性作用。布尔迪厄的"趣味"理论指向一种分类系统，即"区隔"，他认为趣味支配着与被客观化的资本、与这个被划分等级的和能够划分等级的物品的世界的关系，而这些物品有助于确定趣味，允许趣味通过专门化得到实现。❷"区隔"体现了以趣味的分辨、区分、评判、再分配为核心的文化观念，其衡量标准不是社会地位和拥有财富的数量，而是复杂的社会学和文化构成因素，如教育水平、审美偏好、教养程度、文化需要等方面。社会等级和阶层借此实现，就像布尔迪厄在《区隔》（*Distinction*）一书里所说："消费者的社会等级与社会认可的艺术等级相符……这就使趣味预先作为'等级'的特别标志起作用。"❸而趣味不仅仅是个人喜好、倾向以及娱乐、消遣的方式，更是建构身份、强化阶层的手段，也是斗争的重要赌注。

布尔迪厄对物的消费研究强调消费活动中形成的生活方式对个体习性的形成和维持的重要性，打破了审美消费和日常消费的界

❶ 罗钢,王中忱.消费文化读本[M].北京:中国社会科学出版社,2003:39.
❷ 皮埃尔·布尔迪厄.区隔——判断力的社会批判(上册)[M].刘晖,译.北京:商务印书馆,2015:359.
❸ 皮埃尔·布尔迪厄.区隔——判断力的社会批判(上册)[M].刘晖,译.北京:商务印书馆,2015:2.

限，推动了消费文化范式的确立。相比他对社会阶层的关注，丹尼尔·米勒（Daniel Miller）则促使物的消费研究深入个体层面。他认为消费除了购买行为，还应包含购买后的使用、送出、交换、转让等在日常生活中的"再语境化"行为。他在《物质文化与大众消费》（*Material Culture and Mass Consumption*）一书中以欧洲工人阶级住宅为例，在工人阶级住宅内部的会客空间里，物品陈列与展示似乎比居住的舒适度更为重要，这与布尔迪厄将"真正的"工人表现为仅仅对非常直接性质、与基本需求直接相关的消费感兴趣这一点正好相反。❶相同的商品可能在多种不同的群体或多个个体中进行了再语境化，而且这种多样性是无限制的。在米勒眼里，消费是对主导意识形态操控进行抵抗的创造性手段，消费文化是当代文化本身，文化有差异但不应分等级。在米勒的影响之下，当代消费研究领域逐渐形成一种共识：消费行为本质上不是利己主义、肤浅而虚假的行为，而是具有文化意义的行为。

米勒在《物质性》（*Materiality*）中阐述了对于物和"物质性"（materiality）的理论：一是将物作为人工制品的通俗理论，二是完全超越主体和客体二元论的理论。他认为考察物与人的关系应该摒弃那种以人为主体的归类，更关注普通人与物的互动和互构。他在自己的人类学田野调查里以日常生活的普通大众为研究对象，试图证明现代世界的本质是微小的事物和亲密的关系充实着普通人的生活。❷这对传统人类学研究方法的反思与变革产生了推动作用。

后期米勒的研究重点转移到消费与数码科技的关系上，提出了"数码人类学"概念。影响人们生活方式的数字技术在当今学界依然被很多研究者认为会使人丧失人性，米勒试图扭转这一观念，并指出："数码为人类学提供了新途径来理解人何以为人。"❸他对"数码"的定义是以二进制为基准的事物。数码加剧了文化的辩证属性，延伸了物质文化的空间，其物质性体现在三个方面：设备、载

❶ 丹尼尔·米勒. 物质文化与大众消费 [M]. 费文明,朱晓宁,译. 南京:江苏美术出版社, 2010:190.

❷ Daniel Miller. The Comfort of Things[M]. Cambridge: Polity Press, 2008: 6-7.

❸ 丹尼尔·米勒,希瑟·霍斯特. 数码人类学 [M]. 王心远,译. 北京:人民出版社,2014:5.

体的物质性，语境的物质性，内容的物质性。数码空间提供了非实体但仍是物质性的空间，如社交网络和博客。米勒致力于从"人性"研究转向"物性"研究，考察物融入生活并使人无法意识到它存在的过程，指出数码科技融入大众的日常生活中后，会形成一种社会秩序。

消费领域的另外一批研究者则是涂尔干学派的继承者，以人类学家玛丽·道格拉斯和经济学家巴伦·伊舍伍德为代表，首次将涂尔干的思想运用到了当代消费领域。道格拉斯在早期著作《洁净与危险》（*Purity and Danger*）中指出，对于物的洁净和肮脏的分类是社会结构和文化秩序建构的结果。后期转向消费研究后，道格拉斯在和伊舍伍德合著的《商品的世界》（*The World of Goods*）一书里，对消费领域经济理论的匮乏进行补救，提出致力于将物、符号意义、消费行为、文化结构联结的"消费人类学"方向。物是一种思考资源，具有社会意义。道格拉斯延续了涂尔干、莫斯等人将物作为符号的观念，通过物的意义研究来阐释社会结构和文化秩序。她把物当成信号而非行动者，在物被使用、使用的人被组织的集体化仪式过程里，消费本身已经成为一个社会体系，"整个共同体成为一个信号箱"❶。道格拉斯和伊舍伍德在论述中引用巴特所说的咖啡制作方式，揭示人们研磨咖啡豆是选用机械研磨机或杵和臼这种日常消费行为中蕴含着"对不同形而上学评判之间进行选择的问题"❷，对于自我的表达和社会文化的建构在此过程中发生。

以上述理论为代表的物质文化消费研究路径强调消费行为及消费者的能动性，同时彰显了平庸琐碎之物的研究价值，认为即使最普通的消费个体和消费行为，都是文化建构的主动参与者。虽然许多身为人类学家的学者所常用的"参与观察法"在一定程度上缺乏理论层面的系统性，也会导致一部分研究"见物不见人"❸的缺陷，

---

❶ Mary Douglas, Baron Isherwood. The World of Goods: Towards an anthropology of consumption[M]. London&New York: Routledge, 1996:24.

❷ Mary Douglas, Baron Isherwood. The World of Goods: Towards an anthropology of consumption[M]. London&New York: Routledge, 1996: 50.

❸ 王垚. 物质文化研究方法论 [D]. 兰州:兰州大学,2017: 139.

但依旧对物质文化具有极大的借鉴意义，促使人们重新思考物质世界和被经常忽略的物。

第三节
物与设计、设计史

一、融合与转向

在跨学科的大趋势下，近年来许多人文学科都出现了物质文化的研究转向，设计领域也不例外。不仅物质文化研究的方法和理论介入设计及设计史研究，物质文化的观念也逐渐扩散到设计研究和设计教育的各个角落。

物质文化研究兴起之前，设计领域以"生产"为主要环节，传统的设计史书写也聚集于单一的"生产"视角和英雄史观的经典叙事，如尼古拉斯·佩夫斯纳（Nikolaus Pevsner）所著的《现代设计的先驱者》（*Pioneers of the Modern Movement*），在模仿美术史、艺术史、建筑史书写方式的基础上，将设计史从美术史的研究中独立出来，形成单独的设计史学科。以佩夫斯纳为代表的一批设计史学家开辟了英雄史观的设计史模式，但宏观叙事的弊端在后期逐渐显露，对历史的严重删减破坏了历史的完整性，且过分强调"经典"的设计师个体及"时代精神"的先验作用，将普通物品从体现崇高品质的物品中剔除，使其设计史的呈现具有一定的片面之处。

与之相对的新一代设计史理论家突破了这种传统的书写模式，如西格弗里德·吉迪恩（Sigfried Giedion）所著的《机械化的决定作用》（*Mechanization Takes Command*）强调科技、工业进步对设计的重要影响，体现的是一种"无名"设计史观；莱纳·班汉姆（Reyner Banham）所著的《第一机械时代的理论与设计》（*Theory and Design in the First Machine Age*）不完全依赖现代运动的历史时期和理论基础，投身于大众文化，拓展了设计史研究的范围，对之后兴起的新文化史、消费、女性主义、物品语义学等设计与社会交叉的议题产生了影响。

以女性主义研究受到的影响为例，在女性主义设计史方面有重要贡献的理论家有朱迪·阿特菲尔德（Judy Attfield）与谢里尔·巴克利（Cheryl Buckley），阿特菲尔德主张剔除艺术史和设计史的惯常叙述方式，真正揭示女性在设计史中的角色，巴克利则认为必须检讨父权制社会中女性对设计的参与究竟是如何被遮蔽的。她们反对经典父权式的设计叙事，促进女性设计史观的确立，致力于对女设计师、设计职业的性别分工、女性消费、设计物品的性别、作为设计客体的女性和女性话语与性别权力结构的研究。在传统设计史模式里，只有著名的女设计师才能记载入列，因而女性设计史需要重新定义"女性参与"，更关注消费者和被表现对象的视角下女性在整个设计史历程中的作用。

在新文化史和微观史方面，维克多·马格林（Victor Margolin）的《世界设计史》（*World History of Design*）建立了与传统叙事截然不同的社会学叙事模式，增加军事、交通等工程设计的篇幅，对人为事物的讨论从个人创造扩展至跨学科、跨领域的社会协作，将设计作为一种文化建构。阿德里安·福蒂（Adrian Forty）于1986年出版的《欲求之物：1750年以来的设计与社会》（*Objects of Desire: Design and Society Since 1750*）从宏观设计史转向了微观设计史，指出现代设计早已不被个体思想所掌控，而是受到社会各个层面影响的产物。福蒂对大量设计师进行生平和思想考察，发现设计师发挥的能动性及其对设计生产过程的作用是被夸大的。他从家庭、阶级、年龄、性别等角度考察日常消费品的投资、设计、销售流程，将原本集中于设计师身上的目光转移到了消费者身上。

物质文化研究的重要理论共识是认为物具有代人行事的能力，或说是建构社会意义的能力。这对传统历史学科的边界和书写范式构成了挑战，为其介入设计与设计史提供了无限的可能性，推动设计史借鉴物质文化研究的经验，进行方法和观点的变革，研究方向从原来局限于经典作品与杰出人物构成的宏大叙事转向世俗与琐碎的日常世界，从物的"生产"转向物的"使用"和"消费"等议题，创造更加真实而多元化的设计史。

二、物、人与设计

设计作为一种由人主动发起的造物活动，集合了物、人各自的特质和双向关系。物质文化对设计领域的介入意味着将对物与人关系的讨论引入设计语境中，在此基础上形成"物""人""设计"三方互动的新语境，因而目前大多数介入设计和设计史的物质文化研究，本质上都是在研究物与设计、人与设计或设计中物与人的关系。正如设计史理论家张黎所认为的，物质文化介入设计史的重点是物与人交互的方式与过程，落脚在借由物的载体，而人借助这个载体来完成表达。

除了上文提到的福蒂等人，较早对设计史产生直接影响物质文化研究的领军人物是丹尼尔·米勒，他所著的《物质文化与大众消费》从消费的视角解读人造物的意义，为设计史创造了启发性视角。而以物质文化方法从事的设计史研究，主要有艾莉森·J.克拉克于1999年出版的《特百惠——20世纪50年代美国的塑料前途》（*Tupperware —The Future of American Plastics in the 1950s*），以及朱迪·阿特菲尔德于2000年出版的《野性之物——日常生活的物质文化》（*Wild Things —The Material Culture of Everyday Life*）等。

丹尼尔·米勒在《物质文化与大众消费》一书中将消费定位为极具个性化和创造性的"再生产"活动。当代社会的物质比以往任何一个时期都复杂多样，更重要的是学界长期以来对物质多样化和消费的负面构想。在马克思那里，社会生产是由生产、分配、交换、消费四个环节组成的系统，消费是被看成终点的结束行为。实际上生产、消费是辩证的，互相依存和作用的。米勒通过对大众消费物品的总结分析特殊性的趋势，从微观层面考察消费元素之间的歧视和衍生的社会关系及社会编组，如儿童的甜食、半独立房屋等。他反对前人"将消费缩减到商品本质、消费者缩减到以获得商品的过程为前提的研究方法",更看重商品购买、分配后的时期,认为看待商品不应该只关注于一般性,即经济意义的购买行为,而应该聚焦其特殊性,即与消费者之间的关系。

米勒对牛仔裤的研究是物质文化消费语境的重要成果。在《全球丹宁》(*Global Denim*)和《蓝色牛仔裤:平凡的艺术》(*Blue Jeans: The Art of the Ordinary*)中,牛仔裤是他研究的重点对象。《全球丹宁》汇集了来自不同地区的学者共同展开的全球化视野下的牛仔裤研究,从嘻哈牛仔裤与美国的再循环之间的联系,到米兰的牛仔和性别认同,以人类学视角对牛仔裤的日常消费、衣着实践及全球性崛起进行解释和思考。在这个过程中,生产和消费之间的互动十分重要,以事件为中心来解释大萧条期间牛仔裤消费和生产的广泛转变,能更清晰地展现背后生产制度或策略之间交流的变革效果。牛仔裤在全球的普遍化现象不仅是到处都有人穿同样的衣服,而是在区域边界内,这种普遍性可以成为创造和维持特定价值、争论和规避的媒介。❶ 在这种语境下,物超越了身份的简单表达,它们的普遍性可以视作一种斗争的手段,正是对身份的反抗。《蓝色牛仔裤》同样与人类学和社会学理论关联,把与牛仔裤相关术语的利害关系区分开来,由此发现牛仔布在移民、后现代主义等被忽视的领域中的意义。以"舒适"一词为例,它可以指向在公共场合下感觉舒适的需要,人们能够找到他们是谁的感觉。这种解释的背后是一种自我意识的消除,即对自己认为自己是谁的焦虑,是对生活在恶意中的存在主义指责的逃避。❷

艾莉森·J.克拉克在《特百惠》一书中阐述了自20世纪40年代在美国诞生的特百惠的发展历程和消费形态,是消费研究的重要成果。第二次世界大战后,发明家特普(Earl Silas Tupper)设计了不同于大多数塑料的新颖产品"Poly-T",在20世纪50年代,布朗尼·怀斯(Brownie Wise)发起特百惠派对后,特百惠被广泛用于

---

❶ Daniel Miller,Sophie Woodward. Global Denim[M].Bloomsbury Publishing ,2012:80.

❷ Daniel Miller,Sophie Woodward. Blue Jeans:The Art of the Ordinary[M].University of California Press,2012:83.

消费市场，装备了数百万家庭的厨房，依靠口碑推荐和专业经销商的实际演示技术运作，品牌成为良性的郊区生活的标志，并于20世纪下半叶走向全球化。在以日益标准化、自我服务和效率为前提的现代消费文化中，它与市场经济理论或现代主义设计及营销策略的逻辑截然不同。克拉克在叙述特百惠历程的同时试图阐明大众消费物品作为日常生活器物发挥意义的过程。

克拉克关注特百惠在探索市场过程中对不断变化的社会习俗和愿望的吸引力，以及它作为礼物和新奇事物的意义。特百惠不只是产品展示，也不是一种纯粹的功利性商品，而是以女性为主要群体的派对的展现，与妇女在社会和经济上被剥夺权利的角色和"家庭意识形态"的突出地位有密不可分的联系。克拉克认为技术进步、商业智慧和市场经济的"逻辑"并不能确保商品的成功。相反，它是通过一个与更广泛的技术和商业历史密不可分的社会和文化调解过程而获得其标志性地位的。❶

书中还阐述了布朗尼·怀斯使用家居销售策略，雇佣女性销售产品，在派对上让女性成为中心，创造"家"与社交网络的联结。在商业活动日益异化的时期，直销的形式增加了社会互动，女性作为消费者和销售人员的作用日益突出。怀斯帮助特百惠公司在那些因种族、阶级和社会地位而被排除在主流经济和文化活动之外的妇女之间获得地位和吸引力。

消费不仅仅是对生产价值的市场驱动的反应。大规模生产的人工制品并不完全遵循严格技术上的大众消费途径，尽管制造商和营销人员作出了努力，被设计出的物仍会受到复杂的社会环境和人的互动的影响。商业、制造、设计、广告和营销的都与消费及其话语紧密相连。特百惠公司的持久意义在于其通过设计和直接销售，与妇女的社会关系和持续的经济边缘化有着不可分割的联系。它将继续作为现代性的对象对新兴的中产阶级和被排除在主流就业之外的女性人口产生共鸣，但也将被作为完全不同的、具有历史意义的消

❶ Alison J. Clarke. Tupperware: The Promise of Plastic in 1950s America[M]. Washington, D. C. : Smithsonian Institution, 1999: 6.

费和性别政治话语的一部分而被占有。❶

朱迪·阿特菲尔德也是将物质文化与设计、设计史结合讨论的重要理论家。在她看来，物质文化对于设计史并不陌生，也常常被指代设计史研究，两者共享交叉学科的实践和对象资源，且当前有关消费的观念，在设计史中已经成为设计文化研究的实践，但超越专业之上去探讨设计的社会性仍不明显，可以利用交叉学科的途径为二者提供共享、相容的方法，直接为设计史提供思想资源和理论支持。

当今的设计师和理论家们越来越意识到，物质世界是脆弱整体生态系统的一部分，也是复杂的政治和社会关系网络的一部分。相较于传统的"解读设计师"的经典叙事，物质文化研究更能展现被设计物品中的意义。阿特菲尔德的物质文化研究以消费为唯一出发点，把设计定义为一种"物的姿态"，与日常生活物，根据空间、时间和身体扩展设计的定义区别开来。设计是以特定文化目的而创造的"有态度的事物"。她所著的《野性之物》一书阐述了设计通过物建构人的身份、体验现代性以及应对社会变化的过程。

阿特菲尔德指出，目前被讨论的"设计"和"工艺"的意义来自其明显的视觉存在及其与艺术的联系。与"有态度的物"相比，构成日常生活物质文化大部分的事物作为"小写"的设计，更难分类。物一旦脱离了分类的界限，就会变得疯狂。某些类型的事物在外观上看起来很普通，但实际上在适应和抵制社会变革方面都扮演着调解人的角色。对此她提出一种理解方式，发挥概念框架、定义、等级界限和地域文化政治的隐喻和物理限制，以及秩序的所有方面，将导致不同文化视角的表现过程语境化。这为讨论后现代主义和社会人类学所承认的社会多样性的影响，以及考虑不同利益群体而产生的相对主义问题提供了空间。❷她将家具公司、纺织品、城市化住宅等设计案例与现代主义结合讨论，试图让空间、时间概念化为具体物质文化中的语境因素，研究物背后的互动关系、社会

---

❶ Alison J. Clarke. Tupperware: The Promise of Plastic in 1950s America[M]. Washington, D. C. : Smithsonian Institution, 1999: 201.

❷ Judy Attfield. Wild Things: The Material Culture of Everyday Life[M]. Berg Publishers,2000: 78.

文化和身份建构过程。

关于人、物与情感的关系是关系的重要讨论部分。由安娜·莫兰（Anna Moran）和索查·奥布里安（Sorcha O'Brien）共同编著的《恋物：情感、设计与物质文化》（*Love Objects:Emotion,Design and Material Culture*）探究了客观事物所承载的情感力量。和阿特菲尔德一样，莫兰和奥布里安将物当作一种"有态度的物"。不仅如此，他们认为物是一种被迷恋的对象，扮演着参与者和反思者的角色，从儿童针织、被子、女性业余制鞋到展示男性亲密友情的美国肖像画，再到20世纪20年代爱尔兰充满政治含义的宗教雕像等物品的讨论，设计的物质文化在其间展现。不同的物品以象征的形式寄托人的感情，成为对过往岁月的寄托，或触发怀旧情绪，或成为失去心上人后的替代品，或成为政治立场的表达。

在设计中，能促使情感上持久的元素被概括为叙事、意识、依系、虚构、表层。❶物品的情感和对其的概念通过这些元素展现并持续，如在母亲为儿童所做的针织物品案例中，物所体现出的两个对立的概念同时存在：一方面，在遵循男权社会的规则之下，这种活动否定女性的创造力；另一方面，在后女权主义的环境下，女性的家庭活动又是值得赞誉的，尽管是以资本主义的方式。作为女性家庭生活和女性文化另一个视觉隐喻，被子也在此被讨论。通过探讨祖先留传下来的传统被子的功能性和装饰性，对于床的平凡的仪式和普遍的情感显现出来，象征着生命中的事件和生活的意义。1920年坦普尔莫尔市流血的雕像与天主教著作中的重要权力和权威联系起来，成为一种象征爱尔兰民族身份的精神力量。此外，在19世纪，石楠木烟斗因与其他烟草利用方式的差别和中产阶级产生了微妙的联系，造就了消费模式的差异，成为建构其个性和地位的标志。

物、人与环境也是被广泛讨论的另一层关系议题，且关乎情感。物质文化和设计中日益突出的"可弃式"特性使消费对生态环境产生了不可逆的影响，不可持续的危机既是能源和材料方面的，也是行为方面的。对此，将物质材料与叙事联系起来，可以重构有意义的物，改变人们与世界交流的方式，也延长了物质关系的持久性。材料成为词语，设计则成为句法。❶情感上持久的设计被提出，意在通过强化消费者与产品之间关系的韧性来减轻对自然资源的消耗和浪费，如对牛仔裤和皮革的设计和老化处理，并为消费者塑造引导性的文化语境、叙事，延长使用的时间。这对消费社会追求崭新完好物品的欲望观念背道而驰，可以看作一种新的生态友好型观念。如今也有不少学者投身于延长日常物品寿命的可持续设计教育，如马丁·拉辛（Martin Racine）。

除这些方面之外，当代物质文化与设计结合的应用体现在其他不同群体和领域之间，让环境、教育、产品、服饰等设计实践进入不同语境，探寻并协调物与人的关系。以产品为例，加尔·文图拉（Gal Ventura）和乔纳森·文图拉（Jonathan Ventura）以奶瓶为设计研究对象，探讨其背后的社会文化规范；路易莎·奇蒙兹（Luisa Chimenz）研究神圣设计与宗教属性的关系。在传统设计领域之外，一些新的方向兴起，如针对在线社区与空间的社交媒体设计，数字游戏的设计与地缘政治，研究技术参与设计调研，服务于以人为本的设计，干预社区文化及自我表达，以用户分歧为中心的画布作为新的设计工具，留以个性化的自由度，还有借助数字技术对博物馆的历史遗产进行还原并重新赋予故事。这意味着数字化技术的兴起也在带动人机交互和协同设计的发展，在此过程中对物的研究和把握也具备重要性。中国本土对物质文化与设计结合的研究主要集中于古代工艺、民国商品、工业产品和景观，探索的空间很大。

三、思考与可能性

物质文化研究在设计领域的介入也存在一定弊端和难处。首先

❶ 安娜·莫兰，索查·奥布里安. 恋物：情感、设计与物质文化 [M]. 赵成清，鲁凯，译. 南京：江苏凤凰美术出版社，2020：179.

是物质对象的不确定性。物品本身是设计和物质文化的首要研究对象，但有相当多的物质并没能保存下来，他们的关键性缺席使研究某些内容变得相当艰难。❶部分文物难以被研究者接触到，还有很多物质实体不存在于博物馆中，需要从文本资料中获取信息。这预示着随着时代发展，网络信息技术也将更广泛地应用于物质文化视角下的设计研究中。

物质对象的不确定性会导致物质时空背景的不确定性。对于没有留存下来的物，其时空背景是缺失的，对于留存下来的物，博物馆对其进行收藏并使用科学的分类方法有可能加剧物品背景的缺失问题。物质存在的时间长于制造者和使用者，这使得"过去和现在"之间的简单区分变得复杂化，其中也含有时间概念的复杂性。物的自然属性和生命只能被还原一部分，所以在研究过程中就要求对物质进行多学科多资源的整合来尽可能对其缺失的部分进行补全。张黎曾在阐述物质文化研究的缺陷时指出历史资料的碎片性挪用，各种微观场景的堆砌可能也无法描摹出整体的历史样貌。❷以晚清民国设计史为例，对人造物的形制、功能、制造工艺等物理属性的还原经常是不完整的。

除此以外，物质文化视角的设计研究的疏忽之处表现在工业设计产品领域。由于工业设计的产品集合了设计史关注的大部分领域，尤其是生产环节的属性最为典型，因此工业设计史一直是设计史的主体。而物质文化强调对消费和符号性使用的关注，工业化生产方式并不会影响其主题的选择。而且在工业革命之前的历史时期，大多数人造物都是小批量手造或由简易作坊加工的产品。

当下物质文化在文化史领域的研究不断深入，但仍有学者从不同角度指出研究存在的弊端。哈维·格林（HarveyGreen）指出，很多学者将物质作为研究对象而非研究资源的倾向，针对这个现象，他提议物质文化史学家应该对制造物品的过程有更多的了解，

❶ Glenn Adamson.History and Material Culture [M].London:Routledge,2007:192-207.

❷ 张黎. 设计史的写法探析:物质文化与新文化史——以晚清民国为例 [J]. 南京艺术学院学报(美术与设计),2016(3):12–17,161.

关注工匠和工作方法，而不是将工厂或工业工作排除在外。[1]阿德里安·胡德（Adrienne D.Hood）认为，在文化史的理论背景下，历史学家对物品本身及物质证据的研究存在缺失。[2]物质文化作为历史学科的重要元素已经建立起来，但是在物质文化史中过于强调文化史学方法受到很多学者的质疑。理查德·格拉斯比（Richard Grassby）也表达了对历史学家的物质文化研究重点的担忧。在他看来，物质文化史学家总是强调"物品的文化特征"和"物质生活的文化解读"，人工制品的物证经常是模糊的，物品的存在取决于众多的随机因素，无法建立一致的规则来判断它们的代表性。书面材料的抽象概括或对图像的理论解读不足以理解一种历史文化，文化的物质方面永远不应该从属于其象征性的表现。他提倡将书面材料与实物证据有效结合，检验推论，只有这样才能根据人们自己的"陈述"（文本资料）和"实际行为"（物质资料）来重建一种文化。[3]

即便存在缺陷，物质文化于设计领域的介入作用依然毋庸置疑，它帮助人们重塑历史叙事，用多维度的视角去诠释历史上的重要问题。在未来，有关物质文化的探讨也将有更丰富的可能性。

[1] Harvey Green.Cultural History and the Material(s) Turn[J].Cultural History, 2012:77.

[2] Adrienne D.Hood"Material Culture: The Object," in Sarah Barber and Peniston Bird (eds.), History Beyond the Text: A Student's Guide to Approaching Alternative Sources, New York and London: Routledge, 2008:278.

[3] Richard Grassby.Material Culture and Cultural History[J].Joual of Interdisciplinary History,2005:597,603.

第四章

经济与

设计研究

自20世纪90年代以来，随着"创意产业"这个语汇及相关经济政策的出现，设计作为其中的重要一分子迅速进入政府和公众视野，并迎来了一个发展的高峰。中国政府自2006年在《国民经济和社会发展第十一个五年规划纲要》中首次明确提出要"鼓励发展专业化的工业设计"以来，已发布近60份旨在促进相关设计产业发展的经济政策（截止至2021年7月）[1]。作为一种推动产业结构转型和服务、改善民生的创新生产力，设计不断被纳入各级各类经济政策中，通过为其提供资金、平台、制度方面的保障和支持，推动和实现设计在国家经济发展中的作用力的提升。设计在这个过程中，不断深入参与国家多类经济和多种产业的发展，重要性得到凸显的同时，其与经济的关系也变得越来越紧密。

第一节
设计的经济价值

纵观全球现代设计的发展，其形成和多元变迁始终与各国经济的发展交织在一起。例如，英国手工艺术运动的兴起与现代设计的萌芽离不开英国第一次工业革命的率先完成和经济生产能力的大幅度提升，德国现代主义设计的发展离不开第一次世界大战和第二次世界大战后国家重建和经济振兴的需求激增，20世纪50~60年代以来美国现代设计的发展得益于未受战争冲击的繁荣经济体以及中产阶级的扩大和消费市场的形成……同样的，设计也在这些国家的经济发展中发挥了不可小觑的作用。例如，日本在20世纪70年代末将设计与工业产品的紧密黏合，是这个岛国的经济飞跃和国际市场

---

❶ 马丽媛. 中国"区域设计"发展路径研究 [D]. 北京:中国艺术研究院,2022:68.

的成功占领的重要手段。❶总体来看，设计本身是社会生产的一部分，在现代设计的发展过程中，其与经济的互动是显而易见的，包括但不限于：设计通过新产品、新潮流、新样式、新模式的创新，赋予产品以审美和使用价值，为人们提供丰富多样的商品，满足人们的物质精神需求，进而形成经济价值，拓展消费市场，促进经济繁荣；技术、产业、制度、资源等经济要素的发展完善，则为设计提供了发展、创新的土壤和基础支撑，为其"保驾护航"，等等。

在目前围绕"设计与经济"这一议题的研究中，主要是基于"设计经济价值的产生必然需要成为或依托商品"这一判断来进行讨论，因此话题大多都逃不开"设计与消费""设计与市场"等主题以及对于设计经济价值、经济属性的泛论。其中，设计与用户、市场、消费的关系讨论近年来主要集中在两个方向：一是对于消费升级背景下的个性消费、体验消费、文化消费等新转向、新语境与设计转变等相关问题的研究，如刘洪澍、孟祥阳的《从消费升级看商品展示设计形式变化》，易平的《文化消费语境下的博物馆文创产品设计》等；二是面向特定用户群体的消费研究，与基于用户消费心理、消费行为的设计理论与实践研究，如肖龙、魏超玉的《需求与维度：老年人设计消费观念》，张楠的《基于用户隐性需求的家具创新设计研究》，倪娜的《论当代消费心理与符号化包装设计的双向互动》等。关于设计经济价值或者经济属性的论述则在对"设计"进行通论的著述中较为常见。例如，余强教授在其编著的《设计艺术学概论》中论及"设计的经济性"时，便对设计与市场、消费、用户以及经济的关系进行了综合描述，指出"设计艺术作为造物活动，是一种经济生产活动，它创造使用价值和审美价值，是社会物质生产的一部分。它与纯艺术的社会存在不同，纯艺术是作为意识形态而存在的，设计艺术则作为一种经济生产形态而存在。也就是说生产的产品如果不成为商品，那么生产活动将变得毫无价值。从市场定位和市场观念来看，研究和分析使用目的是设计为'人'这个大

❶ 曹小鸥."区域设计"与中国区域经济的发展 [J]. 新美术,2019(11)：23-24.

目决定了的，也是设计存在的意义所在。设计与消费的互动，一方面促进商品生产的发展，另一方面也促进设计的不断进步。因此，作为一种经济形态，商品受经济规律的支配，从设计、生产、流通、销售都必须按经济规律行事。设计中对材料的利用和选择、对生产工艺过程的方式的选定、对产品实用性以及对消费者审美心理变化的关注都与经济有关。生产过程本身就是一个创造经济价值的过程，而流通和销售的经济活动，是完成和实现其价值的活动"❶。

从上述文献不难发现，多数研究使用定性研究的方式来试图对设计与经济之间的互动关系以及设计的经济价值进行讨论和论证。其中的"经济"很多时候实际指向的是设计之于产品的附加价值，而非设计本身的经济价值。"设计"更多指向的则是设计创意的具象载体，一个融合了设计与材料、技术、生产工艺等的综合性产物，而非纯粹的来自设计师或者设计团队的创新性解决方案。这里很重要的一个原因是，如许平教授所言："设计本身并不留下什么，它只是融入了各种媒介形式的造物过程中的一环……一旦形成最终产品，设计便'消失'了，思想'隐身'了，所以它是没有本体的对象。"❷设计在最终面向用户、受众的产品中是一种趋于无形的存在。该特性造成的关键问题之一，即设计经济价值难以被量化，也就难以被真正认识和认可。克莱夫·迪诺特（Clive Dilnot）在《设计与价值创造》（*Design and the Creation of Value*）一书的导论中曾讲过一个与此相呼应的小故事——设计理论家约翰·赫斯科特（John Heskett）在其主持的学术研讨会上"试图提出设计可能对出口竞争力产生积极影响时，那些曾于华盛顿接待会上与之有过接触的美国财政官员，却礼貌又果断地走开了"❸，反映出在尝试引入经济领域时，设计作为经济要素实际是不被认可和接纳的。这一问题由来已久，即使到今天，设计在经济发展中的定位依然是模糊和不

---

❶ 余强. 设计艺术学概论 [M]. 重庆:重庆大学出版社,2008:95-96.

❷ 许平. 青山见我 [M]. 重庆:重庆大学出版社,2009:211.

❸ 约翰·赫斯科特. 设计与价值创造 [M]. 克莱夫·迪诺特,苏珊·博兹泰佩,编,张黎,译. 南京:江苏凤凰美术出版社,2018:2.

清晰的。因此，转而从定量角度对于独立的设计经济价值的认定、评判，包括设计对于国家和地方经济发展与竞争力提升的贡献度判断是非常重要和必要的。如何将设计从中剥离，建立一套独立、准确的设计经济价值评判方式、标准和体系则成为学界研究的一个难点和有待解决的现实难题。

学者袁佩莹在谈及"设计经济价值"相关问题时曾指出，其难以被测算估量的困境主要来自设计自身所具有的非排他性和非竞争性（涉及知识产权保护），致使人们很难将产品的设计单独区分出来，从而衡量、判断其价值如何，因而设计难以成为专属商品，其价值认定也就陷入了困局，并容易被认为其经济价值不大。❶ 设计结果的综合性、易复制性、商品属性和消费的复杂性在很大程度上影响了我们对设计经济价值的衡量和判断，同时造成了当前价值统计测算的不准确等问题。

针对这一症结，在关于设计经济价值以及设计与经济关系的定性讨论基础上，近几年延伸出现了一些关于如何衡量设计价值，进行设计经济价值量化评估的研究讨论。

美国、英国、芬兰、韩国、新西兰等国家以及中国香港、中国台湾等地区自20世纪90年代开始对本土设计的经济价值进行统计分析，形成了诸多研究报告，如英国的《设计经济》《国际设计排名》，芬兰的《全球设计观察》、新西兰的《创意产业的经济贡献》、美国的《创意社区指数》，韩国的《首尔设计调查》《亚洲设计调查》和《世界设计调查》，以及中国香港的《香港设计指数发展初阶报告》、中国台湾的《工业设计业发展指标建立与发展现况调查》等。❷ 其中，《设计经济》是英国设计协会自2015年以来不定期开展的一项统计工作，目前共发布统计报告4份，旨在通过设计价值的评估，反映设计在英国经济发展中所发挥的积极作用，提升设计在英国经济发展中的重要性和贡献度。但是该系列报告主要利

❶ 袁佩莹. 被忽略的设计美学价值与经济价值——约翰·赫斯科特《设计与价值创造》再探究 [J]. 大观, 2022(9): 6-8.
❷ 参阅张红梅. 设计价值评估方法及研究路径探讨 [D]. 北京: 中央美术学院, 2013: 13; 杨阳. 设计经济价值评估方法初探 [J]. 设计, 2017(19)88-89.

用二手的政府统计数据进行分析和结果的直观呈现，不对评估方法和测算过程做展示，且对设计采用广义的概念界定，将工程设计师、土木工程师、城镇规划师等非艺术设计类职业和从业人员纳入统计范围。除此之外，如英国的《国际设计排名》主要从设计投入产出的角度来衡量，即从经济要素的面上来衡量设计能力，来衡量一个国家能够提供多少数量的设计服务的能力。芬兰的《全球设计观察》则是从影响产业链的重要因素的角度来衡量，是从经济要素的点上来衡量……衡量的是一个国家的工业企业通过经营行为所表现出来的设计和创新的能力。❶整体来看，欧美及亚洲部分国家和地区"现有的设计价值研究偏重于面上的数据统计，多采用比较表层的投入、产出和成果等指标来作为对设计价值贡献的衡量；或者是把设计与设计产业、创新竞争力等指标混在一起衡量，只能形成非常片段的表面信息，未能深入企业内部环节去分析剥离设计的价值，无法进一步得出真正的企业设计价值数据，因而在设计价值的评估环节上是一个断层"❷。

国内文献数量很少，以期刊论文为主，如张红梅的《设计价值评估方法及研究路径探讨》《试论如何量化评估设计的经济价值》《国际设计价值评估方法研究现状与分析》，陈旭的《设计价值分析与设计战略刍议》、杨阳的《设计经济价值评估方法初探》、周俊俊的《基于设计价值论的设计价值评估研究》等。其中，陈旭尝试将设计（经济）价值从产品附加值中剥离出来，提出设计（经济）价值的计算主要涉及"产品附加值""设计成本""品牌增加值"❸和"服务增加值"❹这四个要素，计算公式为"设计价值=[产品附加值−（品牌增加值+服务增加值）]÷设计成本"，即设计价值=单位设计成本所产生的产品附加值，最终得到的实际结果为企业的设计投入与产出比值。❺杨阳主要是借用经济学无形资产评估中的收

---

❶ 张红梅. 设计价值评估方法及研究路径探讨 [D]. 北京：中央美术学院,2013:40.
❷ 张红梅. 设计价值评估方法及研究路径探讨 [D]. 北京：中央美术学院,2013:14.
❸ 品牌增加值指在产品投入市场获得利润的过程中，瞬时品牌价值所赋予产品的价值增量。
❹ 服务增加值指物流和销售渠道对产品所产生的服务价值增量。
❺ 陈旭. 设计价值分析与设计战略刍议 [J]. 装饰,2011(7)：127−128.

益法对设计对企业经济活动所创造的预期价值进行计算和衡量，分为以设计折现率、产品所得税率和收益期限为主要支撑数据的直接预测和以最低消费额、无形资产分成率、分成基数以及设计折现率、产品所得税率、收益期限为主要数据的间接预测，选用的指标之一为该设计是否存在最低收费额。❶张红梅则是参考了品牌价值评估、研发绩效评估等跨学科的价值评估方法，以客观计算与主观评价、绝对值评估与相对值评估相结合的评估思路，建构起以设计相关企业、专业设计公司、设计产业为范围的三组设计价值评估的基本模型与计算方法，即相关企业的设计价值＝设计增加值×设计社会价值系数＝（产品或营销设计的增加值－产品或营销设计的外包费）×（设计的正外部性得分/设计的负外部性得分）、专业设计公司的设计价值＝（公司营业额－外购原料和服务的成本）×（设计的正外部性得分/设计的负外部性得分）、设计产业的设计价值＝专业设计公司的设计价值总额＋相关企业的设计价值总额，大体上实现了对设计价值全方位的测算评估。同时，针对设计经济价值的剥离难题，作者提出采用线性回归分析法，通过建立起产品设计投入、研发投入、营销投入与企业的销售额之间的一元、二元或三元线性回归方程，代入企业连续几年的相应数据，计算出企业的销售额对设计投入的回归系数，即设计投入每增加一元，企业销售额将平均增加若干元的回归系数值，即得到了企业的平均设计增值水平，进而根据设计投入的数额可估算出设计给企业带来的经济价值。但是也如作者所言，在现实世界中，由于受到各种主观和客观因素的影响，往往会有一些设计相关企业的数据出现波动起伏较大的现象，使得用线性回归法拟合不太理想。尤其在企业管理较为松散的中小型企业中，往往销售额易有较大波动，不能真实反映设计价值贡献的真实情况。❷

总体而言，欧美部分国家较早便开展有设计价值的相关统计工作，形成了如研究报告、创新设计指数、竞争力排名、统计报告及

❶ 杨阳. 设计经济价值评估方法初探 [J]. 设计, 2017(19) : 88–89.

❷ 张红梅. 设计价值评估方法及研究路径探讨 [D]. 北京: 中央美术学院, 2013 : 140.

研究论文等不同类型的价值分析成果。但是在具体的设计经济价值分析中，大多是通过对如从业人员与企业数量、研发投入、总营收额及利润等数据的粗略处理分析来进行测算的，所得结果多是片面、不精确的。设计经济价值剥离与测算问题仍是一个需要长期探索的课题。

第二节
设计与经济学

进入21世纪以来，随着设计在经济社会文化领域的不断渗透深入，有学者以设计的经济价值和经济属性为基础，提出了"设计经济"❶"设计经济学"这样的概念和用语。东华大学吴翔教授在2008年发表的一篇题为《"设计经济"的来临与工业设计教育的面向》的文章中将设计看作经济生产中的重要生产性要素和资源，提出随着创意产业的发展，"作为基本要素的设计资源越来越被视为产业、商业以及文化竞争的核心，一个'设计经济'的时代已经来临"❷。"设计经济"的概念是基于设计所具有的经济学意义而提出的，是围绕设计资源展开的经营活动，是运用设计资源的经济学价值谋求商业的和文化的成功……是对（经济）过程与目标的指向。❸2015年，江滨、荆懿、金潞三位学者在吴翔这一概念的基础上第一次提出了"设计经济学"这一用语，并将其作为一门"以政治经济学为理论基础，研究一般经济规律在设计中的具体作用和表现形式，以及其对设计产品生产、交换、流通、分配的影响等"的交叉、边沿新学科，

---

❶ 根据目前所搜集到的文献资料显示，最早使用"设计经济(Design Economy)"这一用语可见于英国设计协会公开的统计报告《设计经济2015：设计对于英国的价值》。

❷ 吴翔."设计经济"的来临与工业设计教育的面向 [J]. 装饰,2008(12)：106-107.

❸ 同❷.

从定性研究角度确定了设计经济学的研究范围包括微观和宏观两个层面：微观层面指"设计企业经济问题、设计产品的生产与消费问题、设计产品的营销与管理问题"；宏观层面指"设计经济在整个国民经济部门的地位问题，整个设计业对国民经济的贡献问题，设计市场的完善与发展问题，设计领域知识产权保护的问题"❶。通览《设计经济学》一书，其虽然在整体结构上做到了对宏观、微观问题的基本覆盖，但在具体关系、问题的论述方面由于是以政治经济学为研究基础，因此研究仍然主要集中于设计本身通过商品属性赋予而与市场、消费、生产、营销产生互动关系的"传统"讨论，且论述内容相对简单和单薄。同时，宏观层面问题的设定和阐述主要局限于中国本土设计产业的发展现状与建议浅析，对于更为宏大层面上现代设计整体甚或中国设计的发展与本土经济、全球经济之间的关系与关联，以及设计的经济贡献判定等问题未能有所关涉。

国际方面，2017年出版的《设计与价值创造》（*Design and the Creation of Value*）一书中同样出现了"设计经济学"这样的词汇，虽然约翰·赫斯科特（John Heskett）和两位编者克莱夫·迪诺特（Clive Dilnot）、苏珊·博兹泰佩（Susan Boztepe）未对其作专门的阐释，但作者着眼设计实践与经济学理论的双向互动可能，以解决设计与经济学之间的"间隙"问题和不对等关系❷，包括设计价值（以经济价值为主体）创造、增加的评估问题为出发点，从"现有经济理论体系如何以及能够在多大程度上阐明设计在企业背景下可以发挥的重要作用"与"设计理论和实践是否有可能增加、扩展或体现与经济理论的联系"两个方面，遵循"从经济学角度考察设

---

❶ 江滨,荆懿,金潞. 设计经济学 [M]. 北京:中国建筑工业出版社,2015:9.

❷ 作者在书中反复提及设计与经济学之间的隔阂与不对等问题,认为一方面长期以来,设计虽然"一直以某种并不强势的方式尝试阐明设计增加或创造出的价值",但是新古典主义等传统经济学理论关于价值创造的模型中"并没有设计的清晰位置",矛盾也正由此产生,"那些以价值创造为真正主体的学科或领域都无法把握价值得以真实被创造出来的方式。另一方面,作为价值创造相关因素的设计,同样也无法理解,如何通过经济学方式,确实地'增加价值'",造成了两者关系的不协调,这是该书意图解决或克服的核心问题。详见约翰·赫斯科特. 设计与价值创造 [M].克莱夫·迪诺特,苏珊·博兹泰佩,编,张黎,译,南京:江苏凤凰美术出版社,2018:2-4,148-172.

计—从设计角度回顾经济学—在设计实践中考虑价值创造问题"的逻辑，对设计与经济学的互促关系做了尽可能清晰的梳理与阐释。书中，赫斯科特在对新古典主义理论、奥地利经济学派理论、制度经济学、新增长理论和国民体系、社会主义理论（马克思）等经济学理论的观点进行简洁阐释的基础上，将其与设计理论、实践结合，尝试用经济学理论解释设计的合法性，并对其的局限和影响进行了批评和讨论。例如，他批评新古典主义理论中关于市场和产品处于常态的静止的说法，认为其将"设计的作用限定在提供廉价物品或是与竞品仅有表面差异的商品""使设计降格为一种微不足道的活动……实际上诋毁了设计全部的正当性"。同时，新古典主义经济学模式无法接受设计的未来性，"只能解释设计是什么，而不能从根本上解释设计可能是什么"。❶制度经济学中则如托尔斯坦·凡勃伦（Thorstein Veblen）的"有闲阶级""炫耀性消费""经济之美"等的论述和观点，则"为反思设计功能的可能性提供了丰富的语境机会……对设计的社会角色以及设计作为具体文化形式的生成者角色均提出了重要命题"❷……赫斯科特在此类分析阐释基础上，探索设计如何回应经济结构中所认为的"有价值"，最终建构了一个关于经济学与设计关系的理论化模型，并将其"作为一种整体的设计研究所必要的方法论途径"，为我们对"设计与经济"的研究开拓了一个新的视野和范式。

当然，由于该书内容和主要观点实际主要形成于20世纪90年代初开始组织的"设计与价值创造"研讨会和自2005年起开设的同名研究生课程的积累，与资本主义经济发展息息相关的市场的主导地位构成了其主要视野，其局限性之一在于：作者对不同经济理论类型的分析范围很窄，如对资本主义向新自由主义演变的内容便缺乏讨论。即使在回顾新自由主义之父弗里德里希·哈耶克（Friedrich August von Hayek）的经济思想时，赫斯科特也没有意识到或不关

---

❶ 约翰·赫斯科特. 设计与价值创造 [M]. 克莱夫·迪诺特, 苏珊·博兹泰佩, 编, 张黎, 译. 南京:江苏凤凰美术出版社,2018:82,148-149.

❷ 约翰·赫斯科特. 设计与价值创造 [M]. 克莱夫·迪诺特, 苏珊·博兹泰佩, 编, 张黎, 译. 南京:江苏凤凰美术出版社,2018:150.

心新自由主义治理模式的不民主、专制和社会生态腐蚀倾向。[1]而这也为其他学者扩展赫斯科特的工作提供了一个巨大的机会，即在新自由主义的语境中深入分析设计作用的复杂性。芬兰阿尔托大学（Aalto University）教授盖伊·朱利尔（Guy Julier）2017年出版著作的《设计经济》（*Economies of Design*）正好弥补了赫斯科特这一方面的缺失。

实际上早在2008年出版的《设计文化》（*The Culture of Design*）中，盖伊·朱利尔便断言设计在世界范围内的蓬勃发展与资本主义的发展有关，并将设计在全球的兴起和在经济社会中的高可见性与新自由主义联系在一起。在《设计经济》中，作者立足新自由主义经济制度框架下的全球经济与技术变革状况，用日常生活和设计中的例子更加细致地描述了新自由主义经济学的主要特征，讨论其借由对国家和全球经济发展趋向和政治经济制度的指导、调整，进而对全球设计发展产生的深刻影响。他认为设计在两个方面与新自由主义有关：一是新自由主义充斥在设计经济中，它指导设计师参与开发新的产品，实现新的活动类型，支持特定类型的社会关系等[2]；二是设计作为一个处于文化生产前沿的事物，在使社会、经济和政治变化显得合理方面发挥了符号化的象征作用。[3]设计在新自由主义时代的发展是与新自由主义的不均衡性、混杂性和功能性等特征及有关政策变化交织在一起的。例如，20世纪80年代放松管制浪潮中的全球贸易发展、国有工业和服务业的私有化、劳资关系灵活化以及如消费和信贷的繁荣、自有住房的拥有等，都为诸如建筑设计、室内设计、产品设计、品牌设计以及东亚和拉丁美洲等区域设计的发展提供了许多新的可能性和空间。同一时期互联网技术的快速发展在对设计理念全球传播带来积极促进的同时，也为各个国家和地区的设计创造、开发了新的消费受众，进一步推动了

---

[1] Mariana Mazzucato. The Value of Everything: Making and Taking in the Global Economy[M]. Penguin Random House, 2018: 270.

[2] Joanna Boehnert. Anthropocene Economics and Design: Heterodox Economics for Design Transitions[J]. She Ji: The Journal of Design Economics and Innovation, 2018,4(4): 371.

[3] Guy Julier: Economies of Design[M]. SAGE Publications Ltd, 2017: 3.

设计的全球化发展。❶盖伊·朱利尔的研究在很大程度上实现了对于赫斯科特关于经济学理论与设计互动关系的缺失补足，除了新自由主义经济理论外，其还对新兴的数字经济、替代经济有所涉猎，为我们厘清设计、生产和消费之间的经济互动关系提供了一种新的设计思维方式。

除此之外，如乔安娜·博纳特(Joanna Boehnert)的论文《人类世经济学与设计：设计转型的非正统经济学》(*Anthropocene Economics and Design: Heterodox Economics for Design Transitions*)，便是聚焦当代社会的可持续发展问题，认为新古典主义和新自由主义经济学中对自然界、女性、工人和其他弱势群体的利益和需求的无视，恰恰为我们在经济学和设计的交汇处开辟了一处空间。设计可以通过概念化、模型化、地图化、框架化和其他未来的应用实践为经济的转型发展作出贡献，等等。❷

整体来看，"设计经济""设计经济学"这样的概念的提出是基于设计在当代文化、制造等产业领域不断深入的现实，同时反映出设计与经济关系的密切化。尽管仍是以政治经济学为理论基础，从定性角度开展设计经济价值研究，但是相关研究不再囿于一般意义上的"设计之于经济"的作用讨论。约翰·赫斯科特和盖伊·朱利尔等学者的成果不仅从经济学理论之于设计的视角拓展了设计与经济关系研究的范围，建立起了两者之间理论化的互动模型，推进了对于以经济价值为主体的设计价值研究的进一步深化，更重要的是对经济之于设计，以及设计对促进经济学理论完善方面的价值的关注。设计不应仅关心其经济价值，更重要的关注点应在整体经济方面。

与此同时，国内近几年还出现了以区域经济学（区域一体化发展）为基础的设计研究。作为经济活动主体单元的"区域"一直都是中国经济建设发展的重要组成部分和主要推动力量，实现区域经

---

❶ Guy Julier: Economies of Design[M]. SAGE Publications Ltd, 2017: 9.

❷ Joanna Boehnert. Anthropocene Economics and Design: Heterodox Economics for Design Transitions[J]. She Ji: The Journal of Design Economics and Innovation, 2018,4(4): 355-374.

济的均衡协调发展也是中国经济长期以来的重大任务之一。到目前为止，中国已经制定了大大小小上百个区域发展战略，构建起一个多点支撑、全覆盖的区域发展格局和战略体系。战略实施的时间、发展侧重、政策倾斜度及自身条件等方面的较大差异，则使得与产业紧密关联的设计同样呈现出差异的区域发展面貌。学者们面对中国设计在东—西、南—北、城市—乡村不同区域发展不平衡的现实，站在设计与区域经济互动视角，提出了"区域设计"的概念，并对以长三角、京津冀、粤港澳和成渝为主体区域范围的"区域设计"发展的历史、现状面貌与特殊的一体化协同发展路径进行了初步讨论。其中，曹小鸥研究员在论文《"区域设计"与中国区域经济的发展》中将中国现代设计的发展与中华人民共和国成立以来的三次区域发展战略调整相互对照，提出设计是推动区域经济发展的重要生产力，"区域设计"与区域经济之间具有显著的互促关系，长三角区域已经搭建起的真正意义上的"区域设计"机制能够在带动区域经济一体化发展、促进城乡融合中发挥关键作用。在《中国现代设计思想——生活、启蒙、变迁》《"制造"的悖论——关于中国设计模式与未来的再思考》等著述中，曹小鸥以中国制造业的发展为引，通过对改革开放后长江三角洲和珠江三角洲区域的设计发展脉络、发展模式、特点与问题的梳理、分析，提出两个区域设计的产生与发展之所以呈现截然不同的模式和面貌，是因为其早期制造业基础等微观经济要素的差异所导致的。凌继尧教授和张晓刚教授则是在对东、中、西三大区域阶梯式审美化特征的讨论中，以不同区域的经济发展状况为背景，对典型审美化工业产品的产地分布、中国驰名商标或中国名牌产品的区域分布、家庭耐用消费品拥有量等的数据分析，实际反映出的正是区域设计能力与区域经济发展水平之间的正相关关系。❶ 马丽媛的《中国"区域设计"发展路

❶ 曹小鸥 ."区域设计"与中国区域经济的发展 [J]. 新美术，2019(11)：22-27；曹小鸥. 中国现代设计思想——生活、启蒙、变迁 [M]． 济南：山东美术出版社，2018：141-146；曹小鸥 ."制造"的悖论——关于中国设计模式与未来的再思考 [J]. 新美术，2016(11)：24-27；凌继尧，张晓刚. 中国区域经济审美化概况与研究——关于创意与设计产业发展的思考 [J]. 创意与设计，2013(3)：5-7.

径研究》一文则主要聚焦在地理位置、经济水平、产业基础、战略定位与设计基础、发展水平等方面具有鲜明特色的长三角、粤港澳、京津冀和成渝四个区域，从微观经济视角入手，在对各个区域的政策、平台、资金、人才、文化等资源要素分析比较的基础上尝试性提出了一些针对性的发展路径与建议。文中将"区域设计"明确限定为"是以中国当前的区域经济发展战略和区域发展新格局为背景，以设计与区域经济的互促共进关系为线索，研究如何以设计为核心生产力、驱动力，通过设计资源要素的相互链接与协作共享，优化资源配置与利用效率，以促进和带动区域经济的高质量一体化发展，形成吻合区域条件的设计发展模式，进而发挥示范和引领作用，带动中国设计的整体发展进步"❶的设计。

与约翰·赫斯科特、盖伊·朱利尔等学者的研究相比，"区域设计"的相关研究主要是从定性角度将区域经济作为一个事实依据和研究出发点，关注实践中设计对区域内部教育、人才、资金等要素连接和流动的作用，并没有在区域经济学中的相关理论与区域设计发展之间建立起一条清晰、明确的关联路径，同时对于具体的区域经济与区域设计的互动研究也还不够深入，尚有待继续研究深化。国外如英国、北欧及日韩等国家和地区近几年也关注到了设计发展的区域性差异，但暂未发现开展有区域经济视角的相关研究。

概括而言，从设计的经济价值研究到设计与经济学的互动关系研究，最核心的支点实际都是设计与生产、流通、分配、消费的互动，目的中都包含有对设计存在的合法性与正当性的确立、确认。区别在于对于设计"价值"的关注焦点与判断衡量不同。设计无论是作为创新的手段还是重要的生产力，本身都存在和立身于纷繁复杂的经济发展洪流中，与经济的关系复杂且不可分割。但是由于设计的"无形"以及两个学科之间的隔阂，当前关于"设计与经济"这一主题的深入研究还很欠缺，未来需要我们的共同努力。

❶ 马丽媛. 中国"区域设计"发展路径研究 [D]. 北京:中国艺术研究院,2022:21.

参考文献

［1］温迪·冈恩,杰瑞德·多诺万.设计学与人类学［M］.陈兴,史芮齐,译.北京:中国轻工业出版社,2021.

［2］温迪·冈恩,托恩·奥托,蕾切尔·夏洛特·史密斯.设计人类学:理论与实践［M］.李敏敏,罗媛,译.北京:中国轻工业出版社,2021.

［3］克里斯汀·米勒.设计学+人类学:人类学和设计学的汇聚之路［M］.肖红,郁思腾,译.北京:中国轻工业出版社,2021.

［4］艾莉森·克拉克.设计人类学:转型中的物品文化［M］.王馨月,译.北京:北京大学出版社,2022.

［5］庄孔韶.人类学通论［M］.太原:山西教育出版社,2002.

［6］杭间.手艺的思想［M］.济南:山东画报出版社,2001.

［7］Jesper Simonsen, Toni Robertson(edited). Participatory Design: An introduction. Routledge International Handbook of Participatory Design［C］. New York: Routledge, 2012.

［8］维克多·帕帕奈克.为真实的世界设计［M］.周博,译.北京:中信出版社,2013.

［9］Dickson William J, Roethlisberger F J. Management and the Worker［M］. London:Taylor and Francis, 2004.

［10］E D Chapple. "Applied Anthropology in Industry" In A. L. Kroeber ed［J］. Anthropology Today. Chicago: University of Chicago Press, 1953.

［11］丹尼尔·A. 雷恩.管理思想的演变［M］.孙耀君,李柱流,王永逊,译.北京:中国社会科学出版社,1986.

［12］丹尼·L. 乔金森.参与观察法［M］.龙小红,张小山,译.重庆:重庆大学出版社,2009.

［13］斯坦因·拉尔森.社会科学理论与方法［M］.任晓,等译.上海:上海人民出版社,2002.

［14］C. Geertz. The Interpretation of Culture［M］. NewYork: BasicBooks, 1973.

［15］克利福德·格尔茨.地方性知识——阐释人类学论文集［M］.
王海龙,张家瑄,译.北京:中央编译出版社,2000.

［16］Lucy Suchman.Human-Machine reconfigurations: plans and
situated actions［M］. London: Cambridge University Press, 1987.

［17］Hugh Bayer, Karen Holtzblatt. Contextual design: defining
customer-centered systems［M］.San Jose: Morgan Kaufman,
1997.

［18］安东尼·吉登斯.社会学:批判的导论［M］.郭忠华,译.上海:
上海译文出版社,2013.

［19］安东尼·吉登斯,菲利普·萨顿.社会学基本概念［M］.2版.王
修晓,译.北京:北京大学出版社,2019.

［20］戴维·波普诺.社会学［M］.李强,译.北京:中国人民大学出版社,
2007.

［21］C·赖特·米尔斯.社会学的想象力［M］.陈强,张永强,译.北
京:生活·读书·新知三联书店,2016.

［22］边燕杰,陈皆明,罗亚萍,等.社会学概论［M］.北京:高等教育
出版社,2013.

［23］雷蒙·阿隆.社会学主要思潮［M］.葛秉宁,译.上海:上海译
文出版社,2005.

［24］贾春增.外国社会学史［M］.北京:中国人民大学出版社,2000.

［25］杨善华,谢立中.西方社会学理论(上)［M］.北京:北京大学出
版社,2005.

［26］马克思·韦伯.社会学的基本概念［M］.胡景北,译.上海:上
海人民出版社,2000.

［27］奥古斯特·孔德.论实证精神［M］.黄建华,译.北京:商务印
书馆,1996.

［28］卡尔·马克思.1844年经济学哲学手稿［M］.刘丕坤,译.北京:
人民出版社,2014.

［29］卡尔·马克思.资本论［M］.北京:人民出版社,2004.

［30］亚力克西·德·托克维尔.论美国的民主［M］.北京:商务印书馆,
1991.

［31］Herbert Spencer. The Principles of Sociology(Vol. Ⅱ)［M］. London: Williams and Norgate, 1882.

［32］斐迪南·滕尼斯.共同体与社会［M］.张巍卓,译.北京:商务印书馆,1999.

［33］维尔弗雷多·帕累托.普通社会学纲要［M］.田时纲,译.北京:生活·读书·新知三联书店,2001.

［34］埃米尔·涂尔干.职业伦理与公民道德［M］.渠东,付德根,译.上海:上海人民出版社,2001.

［35］埃米尔·涂尔干.社会分工论［M］.渠东,译.北京:生活·读书·新知三联书店,2000.

［36］埃米尔·涂尔干.宗教生活的基本形式［M］.渠东,译.上海:上海人民出版社,1999.

［37］格奥尔格·齐美尔.社会学基本问题:个人与社会［M］.莱比锡,1917.

［38］Georg Simmel. Philosophie des Geldes［M］. Gesamtausgabe, 1989.

［39］严飞.穿透:像社会学家一样思考［M］.上海:上海三联书店,2020.

［40］罗伯特·K.默顿.社会理论和社会结构［M］.唐少杰,齐心,译.南京:译林出版社,2015.

［41］Edward Lucie-Smith. A History of Industrial Design［M］. Oxford: Phaidon Press Limited, 1983.

［42］阿诺德·豪泽尔.艺术社会学［M］.居延安,译编.上海:学林出版社,1987.

［43］同济大学、清华大学、南京工学院、天津大学编写组.外国近现代建筑史［M］.北京:中国建筑工业出版社,1982.

［44］吉见俊哉.媒介文化论［M］.苏硕斌,译.台北:群学出版有限公司,2009.

［45］章利国.现代设计社会学［M］.长沙:湖南科学技术出版社,2005.

［46］笕裕介.社会设计:用跨界思维解决问题［M］.李凡,译.北京:

中信出版集团,2019.

[47] 埃佐·曼尼奇.设计,在人人设计的时代:社会创新设计导论[M].钟芳,马谨,译.北京:电子工业出版社,2016.

[48] 奈杰尔·怀特里.为社会而设计[M].游万来,杨敏英,李盈盈,译注.台北:联经出版公司,2014.

[49] 杨先艺.设计社会学[M].北京:中国建筑工业出版社,2014.

[50] 安东尼·邓恩,菲奥娜·雷比.思辨一切:设计虚构与社会梦想[M].张黎,译.南京:江苏凤凰美术出版社,2017.

[51] 史蒂夫·布鲁斯.社会学的意识[M].蒋虹,译.南京:译林出版社,2010.

[52] Guy Julier. Economies of Design[M]. London: SAGE Publications Ltd, 2017.

[53] Guy Julier, Elise Hodson. Design and Value Diversity[A]. Design Change: New Opportunities for Organisations Aalto University, 2022.

[54] 约翰·赫斯科特.设计与价值创造[M].克莱夫·迪诺特,苏珊·博兹泰佩,编,张黎,译.南京:江苏凤凰美术出版社,2018.

[55] 克莱夫·迪诺特.约翰·赫斯科特读本:设计、历史、经济学[M].吴中浩,译.南京:江苏凤凰美术出版社,2018.

[56] 许平.青山见我[M].重庆:重庆大学出版社,2009。

[57] 卢卡奇·格奥尔格.历史与阶级意识——关于马克思主义辩证法的研究[M].杜章智,等,译.北京:商务印书馆,1996.

[58] 马克斯·霍克海默,西奥多·阿道尔诺.启蒙辩证法[M].渠敬东,曹卫东,译.上海:上海人民出版社,2006.

[59] E.弗洛姆.健全的社会[M].孙恺详,译.贵阳:贵州人民出版社,1994.

[60] 赫伯特·马尔库塞.单向度的人:发达工业社会意识形态研究[M].刘继,译.上海:上海译文出版社,1989.

[61] 雷蒙德·威廉斯.马克思主义与文学[M].王尔勃,周莉,译.郑州:河南大学出版社,2008.

[62] 克劳德·列维－斯特劳斯.野性的思维[M].李幼蒸,译.北京:

商务印书馆,1997.

[63] 罗兰·巴特.神话——大众文化诠释[M].许蔷蔷,许绮玲,
　　　译.上海:上海人民出版社,1999.

[64] Roland Barthes. The Death of the Author[A]. Image Music Text
　　　[C].London: Fontana Press, 1977.

[65] 让·鲍德里亚.物体系[M].林志明,译.上海:上海人民出版社,
　　　2001.

[66] 让·鲍德里亚.消费社会[M].刘成富,全志钢,译.南京:南
　　　京大学出版社,2001.

[67] 让·鲍德里亚.符号政治经济学批判[M].夏莹,译.南京:南
　　　京大学出版社,2008.

[68] 埃米尔·涂尔干.社会分工论[M].渠东,译.北京:生活·读
　　　书·新知三联书店,2000.

[69] 埃米尔·涂尔干.宗教生活的基本形式[M].渠东,汲喆,
　　　译.北京:商务印书馆,2011.

[70] 马塞尔·莫斯.礼物:古式社会中交换的形式与理由[M].汲喆,
　　　译.上海:上海人民出版社,2002.

[71] Arjun Appadurai. Introduction: commodities and the politics
　　　of value[A]. Arjun Appadurai ed. The social life of things:
　　　commodities in cultural perspective[C]. Cambridge: Cambridge
　　　University Press, 1986.

[72] Bruno Latour. Reassembling the Social: An Introduction to Actor-
　　　Network-Theory[M]. New York: Oxford University Press, 2005.

[73] Bruno Latour. We Have Never Been Modern[M]. Cambridge:
　　　Harvard University Press, 1993.

[74] 马丁·海德格尔.演讲与论文集[M].孙周兴,译.北京:生活·读
　　　书·新知三联书店,2005.

[75] Don Ihde. Postphenomenology: Essays in the Postmodern Context
　　　[M]. Evanston: Northwestern University Press, 1993.

[76] Don Ihde. Bodies in Technology[M]. London: University of
　　　Minnesota Press, 2002.

［77］唐·伊德.技术与生活世界［M］.韩连庆,译.北京:北京大学
　　　出版社,2012.

［78］莫里斯·梅洛－庞蒂.行为的结构［M］.杨大春,张尧均,
　　　译.北京:商务印书馆,2005.

［79］莫里斯·梅洛－庞蒂.知觉现象学［M］.姜志辉,译.北京:商
　　　务印书馆,2001.

［80］莫里斯·梅洛－庞蒂.可见的与不可见的［M］.罗国祥,
　　　译.北京:商务印书馆,2008.

［81］Donna J. Haraway. Simians, Cyborgs, and Women: The
　　　Reinvention of Nature［M］. New York: Routledge, 1991.

［82］Igor Kopytoff. The cultural biography of things: commoditization
　　　as process［A］. Arjun Appadurai ed. The social life of things:
　　　commodities in cultural perspective［C］. Cambridge: Cambridge
　　　University Press, 1986.

［83］斯蒂格勒.技术与时间:爱比米修斯的过失［M］.裴程,译.南
　　　京:译林出版社,1999.

［84］皮埃尔·布尔迪厄.区隔——判断力的社会批判(上册)［M］.
　　　刘晖,译.北京:商务印书馆,2015.

［85］丹尼尔·米勒.物质文化与大众消费［M］.费文明,朱晓宁,
　　　译.南京:江苏美术出版社,2010.

［86］Daniel Miller. The Comfort of Things［M］. Cambridge: Polity
　　　Press, 2008.

［87］丹尼尔·米勒,希瑟·霍斯特.数码人类学［M］.王心远,
　　　译.北京:人民出版社,2014.

［88］Mary Douglas, Baron Isherwood. The World of Goods: Towards
　　　an anthropology of consumption［M］. London&New York:
　　　Routledge, 1996.

［89］孟悦.物质文化读本［M］.北京:北京大学出版社,2007.

［90］罗钢,王中忱.消费文化读本［M］.北京:中国社会科学出版社,
　　　2003.

［91］伊恩·伍德沃德.理解物质文化［M］.兰州:甘肃教育出版社,

2018.

［92］ Alison J. Clarke. Tupperware: The Promise of Plastic in 1950s
America［M］. Washington, D. C. : Smithsonian Institution, 1999.

［93］ Judith Attfield. Wild Things: The Material Culture of Everyday
Life［M］.Berg Publishers, 2000.

［94］ 安娜·莫兰,索查·奥布里安. 恋物:情感、设计与物质文化［M］.
赵成清,鲁凯,译. 南京: 江苏凤凰美术出版社,2020.

［95］ Tilley C, Keane W, Kuechlerfogden S, et al.Handbook of Material
Culture［M］. London:SAGE Publications Ltd, 2006.

［96］ Dan H, Beaudry M C. The Oxford Handbook of Material Culture
Studies［M］.New York: Oxford University Press, 2010.

［97］ Arjun Appadurai. The Social life of things［M］.Cambridge:
Cambridge University Press, 1988.

［98］ Langdon Winner Autonomous Technology: Technics-out-of-
Control as a Theme in Political Thought［M］.Cambridge: Mit
Press, 1978.

［99］ Christina Wasson. Design Anthropology［J］. General
Anthropology, 2016(2):1-11.

［100］何振纪. 设计人类学的引介及其前景［J］.创意与设计,2018(5):
11-17.

［101］关晓辉. 设计人类学的视野和实践［J］.艺术探索,2019,33(3):
125-128

［102］许平. 反观人类制度文明与造物的意义——重读阿诺德·盖
伦《技术时代的人类心灵》［J］.南京艺术学院学报(美术与
设计),2010(5):99-104.

［103］李翔宇,游腾芳,郑鸿. 人类学方法在霍桑实验中的应用［J］.
广西师范大学学报(哲学社会科学版),2013,49(3):77-85.

［104］王立杰. 民族志写作与地方性知识——格尔茨的解释人类学
理论与实践［J］.北方民族大学学报(哲学社会科学版),2009
(1):102-106.

［105］唐瑞宜,周博,张馥玫. 去殖民化的设计与人类学:设计人类

学的用途[J].世界美术,2012(4):102-112.

[106] 王馨月,张弛.设计人类学发轫的初探[J].设计,2021,34(11):104-106.

[107] Keith M Murph. Design and Anthropology[J]. Annual Review of Anthropology. 2016(45): 433-449.

[108] 宫浩钦.设计社会学的视野[J].作家天地,2020:159-160.

[109] 陈鹏.从社会学角度理解设计[J].现代装饰(理论),2013(8):67-68.

[110] 毛溪.设计和社会学的跨界研究[J].包装工程,2008(11):122-124.

[111] 魏洁.设计社会学的出现与发展[J].艺术百家,2009,25(S1):41-42,84.

[112] 李敏敏.设计研究的社会学视野与路径探讨[J].当代美术家,2021(2):58-61.

[113] 熊嬿.论设计研究的社会学态度[J].艺术学研究,2008,2:458-472.

[114] 张明,周志.现实中的理想主义实践:周子书与地瓜社区[J].装饰,2018(5):46-51.

[115] Muller M J, Kuhn S. Participatory design[J]. Communications of the ACM, 1993,36(6): 24-28.

[116] Carmel E, Whitaker R D, George J F. P D and Joint Application Design: A Transatlantic Comparison[J]. Communications of the ACM, 1993,36(6): 40-48.

[117] Nieusma D. Alternative design scholarship: working toward appropriate design[J].Design issues, 2004,20(3): 13-24.

[118] Lupton Deborah. Towards Design Sociology[J]. Sociology Compass, 2018,12(1):1-11.

[119] Cees de Bont. Book Review: Economies of Design by Guy Julier [J]. She Ji: The Journal of Design Economics and Innovation, 2017,2(3): 269-270.

[120] Guy Julier. Can Design Ever Be Activist? The Challenge of

Engaging Neoliberalism Differently[A], Design(&)Activism: Perspectives on Design as Activism and Activism as Design Mimesis International, 2019: 235-245.

［121］Guy Julier, Lucy Kimbell. Keeping the System Going: Social Design and the Reproduction of Inequalities in Neoliberal Times [J].Design Issues, 2019,35(4): 12-22.

［122］Guy Julier, Elise Hodson. Value, Design, Scale: Towards a Territories and Temporalities Approach[A/OL], Proceedings of Nordes2021: Matters of Scale[J].Kolding,Dermark: 2021:15-18.

［123］John Knight. Book Review: Economies of Design by Guy Julier [J]. The Design Journal, 2019,22(1): 115-120.

［124］Joanna Boehnert. Anthropocene Economics and Design: Heterodox Economics for Design Transitions[J]. She Ji: The Journal of Design Economics and Innovation, 2018,4(4): 355-374.

［125］Kenneth Fitzgerald. Book Review: Design and the Creation of Value by John Heskett[J]. Dialectic, 2017,I(2): 185-188.

［126］Sharon Helmer Poggenpohl. Blindspots in Economics and Design: A Review of John Heskett's Design and the Creation of Value[J]. She Ji: The Journal of Design Economics and Innovation, 2017,3(4): 251-261.

［127］曹小鸥."区域设计"与中国区域经济的发展[J].新美术，2019(11):22-27.

［128］Jules David Prown.Mind in Matter: An Introduction to Material Culture Theory and Method[J].Winterthur Portfolio,1982,17(1):1-19.

［129］Luisa Chimenz. Sacred design. Immaterial values, material culture[J]. The Design Journal, 2017,20:3436-3447.

［130］Gal Ventura,Jonathan Ventura. Milk, rubber, white coats and glass: the history and design of the modern French feeding bottle[J]. Design for Health, 2017(1):8-28.

[131] Humphreys Sal, Vered Karen Orr, Ryan Maureen. Apartment Therapy, Everyday Modernism, and Aspirational Disposability [J]. Television & New Media, 2014,15(1):68-80.

[132] Luersen Eduardo H, Fuchs Mathias. Ruins of Excess: Computer Game Images and the Rendering of Technological Obsolescence [J]. Games and Culture, 2021,16(8)1087-1110.

[133] Viktor Malakuczi. Computational by Design, towards a co-designed material culture. A design tool.[J]. The Design Journal, 2019,22:1235-1248.

[134] Lizette Reitsma, Ann Light, Paul A. Rodgers. Empathic negotiations through material culture: co-designing and making digital exhibits[J]. Digital Creativity, 2014,25(3)269-274.

[135] 潘守永. 物质文化研究:基本概念与研究方法[J]. 中国历史博物馆馆刊,2000(2):127-132.

[136] 马佳. 人类学理论视域中的物质文化研究[J]. 广西民族研究,2013(4):83-92.

[137] 陈红玉. 物质文化研究与设计史[J]. 南京艺术学院学报(美术与设计版),2009(1):44-46,162.

[138] 张黎. 设计史的写法探析:物质文化与新文化史——以晚清民国为例[J]. 南京艺术学院学报(美术与设计),2016(3):12-17,161.

[139] Mark B. N. Hansen. Media Theory[J]. Theory, Culture and Society ,2006(23):297-306.

[140] 索龙高娃. 文学人类学方法论辨析[D]. 北京:中央民族大学,2005.

[141] 周博. 行动的乌托邦[D]. 北京:中央美术学院,2008.

[142] 曹文. 帕森斯结构功能主义理论的道德教育价值研究[D]. 济南:山东师范大学,2015.

[143] 王佳玮. 从社会学角度对新城区社区公共空间设计研究[D]. 大连:大连工业大学,2018.

［144］唐啸.参与式设计视角下的社会创新研究［D］.长沙:湖南大学,2017.

［145］张歌.论参与式设计［D］.西安:西安美术学院,2014.

［146］花万珍.基于设计社会学的现代主义设计历史研究［D］.上海:上海师范大学,2022.

［147］马丽媛.中国"区域设计"发展路径研究［D］.北京:中国艺术研究院,2022.

［148］张红梅.设计价值评估方法及研究路径探讨［D］.北京:中央美术学院,2013.

［149］王垚.物质文化研究方法论［D］.兰州:兰州大学,2017.